城市综合管廊结构健康状况综合评价

郑立宁　王恒栋　蒋雅君　著

科学出版社
北　京

内 容 简 介

本书以城市综合管廊为研究对象，通过工程案例调研、理论分析、案例验证等方式，对城市综合管廊结构的病害形式、影响因素和发展规律进行总结和分析，并基于模糊综合评价方法建立不同结构形式的城市综合管廊结构健康状况综合评估体系。随后以成都市综合管廊建设和养护需求为基础，结合本书的研究成果，建立适用于成都市的综合管廊结构健康状况评价体系。

本书可供城市综合管廊管理人员在工作中参考、借鉴。

图书在版编目(CIP)数据

城市综合管廊结构健康状况综合评价 / 郑立宁，王恒栋，蒋雅君著. —北京：科学出版社，2021.10

ISBN 978-7-03-069657-1

Ⅰ. ①城… Ⅱ. ①郑… ②王… ③蒋… Ⅲ. ①市政工程-地下管道-管道工程-质量检查 Ⅳ. ①TU990.3

中国版本图书馆CIP数据核字（2021）第177411号

责任编辑：罗 莉 / 责任校对：彭 映

责任印制：罗 科 / 封面设计：墨创文化

科学出版社 出版

北京东黄城根北街16号

邮政编码：100717

http://www.sciencep.com

四川煤田地质制图印刷厂印刷

科学出版社发行 各地新华书店经销

*

2021年10月第 一 版 开本：787×1092 1/16

2021年10月第一次印刷 印张：11

字数：257 000

定价：99.00元

（如有印装质量问题，我社负责调换）

前 言

城市综合管廊是建设于城市之下用于容纳城市市政管线的构筑物及附属设施，是城市基础设施的重要组成部分。近年来，我国城市综合管廊的建设得到了快速的推进和极大的发展，其作为市政管线的综合载体，可以实现各类市政管线的集约化、统一化和标准化管理，有效解决城市环境污染等问题，极大提高城市地下空间利用率。城市综合管廊容纳的均为保障城市高效运行的“生命线”，因此，城市综合管廊结构的健康状况影响着“生命线”的正常运行，也间接影响着城市的运行效率。为了科学、合理地对城市综合管廊结构的健康状况进行评价，以便有针对性地对城市综合管廊结构的维护工作提供指导和依据，保证城市综合管廊的最佳运行状况，量化的评价方法成了相关技术问题的关键。

本书的主要内容如下：

(1) 通过文献调研以及实地走访，搜集全国范围内不同地质条件和气候条件下，多种类型的城市综合管廊结构的健康状况。综合管廊主要的施工方法有明挖法、盾构法和矿山法三种。管廊结构常见的病害有裂缝、渗漏水、混凝土空洞、结构厚度不足、材料劣化、结构变形等，且病害会随着管廊结构的运营时间而持续劣化。

(2) 根据综合管廊的运营养护需求，确定了明挖法、盾构法和矿山法三种结构形式综合管廊的主体完好状况和主体结构状况评价指标体系，并采用模糊综合评价法建立了城市综合管廊结构健康状况的模糊综合评价模型和对应的结构健康等级划分标准，实现对城市综合管廊健康状况综合评价。

(3) 基于成都市综合管廊的建设现状，结合前文的研究成果，对模糊综合评价模型进行调整，建立成都市综合管廊结构健康状况评价模型，并通过算例对评价模型进行验证。

本书是科技部“十三五”国家重点专项课题“综合管廊智能化管理平台开发研究”(2016YFC0802405-5)、中国博士后科学基金“城市综合管廊结构健康评价及运营维护技术研究”(2018M643832)的主要研究成果。感谢成都市城市地下综合管廊监管服务中心的大力支持，在成都市城市管廊的养护工作中部分研究成果得到了应用和检验。作者在撰写本书的过程中，引用和参考了部分相关文献和资料；西南交通大学研究生刘世圭、魏晨茜，中建地下空间有限公司王建参与了书稿的整理工作；吉林建筑大学李明老师对本书的调研及资料收集提供了帮助。作者在此对以上单位和人员一并表示感谢！

由于作者水平的局限，书中难免存在疏漏和不足，望同行专家和读者批评指正。

作者

2021 年 4 月于成都

目　录

1 绪　　论

1.1 概　　述

1.1.1 城市综合管廊建设与发展状况

城市综合管廊(utility tunnel)，也称共同沟，是实施统一规划、设计、施工和维护，建于城市地下用于容纳两类及以上城市工程管线的构筑物及附属设施[1]。城市综合管廊作为城市市政工程管线的综合载体，可以实现各类市政管线的集约化、统一化、标准化的建设与管理，改变城市地下管线纵横交错、杂乱无章、维修频繁的现状，有效解决“马路拉链”、“空中蜘蛛网”、交通阻塞、事故频发和环境污染等一系列问题，对提高城市地下空间的利用效率和地下市政管线的安全水平具有十分重要的意义[2, 3]。早在 1833 年，巴黎为解决地下管线铺设问题和提高环境质量，开始兴建地下管线的综合管廊，随后世界各国也随之拉开了综合管廊的建设序幕[1]。我国最早是在 1958 年于北京的天安门广场下铺设了超过 1km 的综合管廊，但是在 2000 年之前，我国的综合管廊建设规模总体有限[4]。近年来，随着国内出台一系列政策推动国内综合管廊建设，我国综合管廊迎来了建设高峰期。据统计，截至 2014 年，我国综合管廊建成的总长度仅有 500km，而 2015 年开工建设的综合管廊就达到 1000km 以上，2016 年我国综合管廊建设里程在 2000km 以上，至 2020 年，全国建成管廊 8000km[5-11]。由此可见，综合管廊将发展成为我国重要的城市基础设施。

城市综合管廊中敷设的都是保障城市正常高效运转的“城市生命线”，这些“城市生命线”的安全运行关系着民众的日常生活、企业的生产经营乃至国家和社会的稳定，因此综合管廊在运维管理期间的首要任务就是保障“城市生命线”的正常运行。布满管线的地下综合管廊一旦在运维阶段发生故障和灾害事故，就会产生连锁效应和衍生灾害，直接威胁整个城市的公共安全，给人民的生活造成重大影响。综合管廊的结构健康是保障管廊安全运行的基本前提，因此，保障管廊结构健康的技术和方法是管廊未来长期安全运行的重中之重[8, 11]。

我国城市综合管廊总体起步较晚，在城市综合管廊运营养护尤其是结构养护方面的经验相对较为缺乏[12]。城市综合管廊结构健康评价及维护技术是保障管廊结构安全运行的重要前提，当前相应的研究主要是参考交通隧道等类似地下工程。但综合管廊具有自身独有的一系列技术特点，如埋深浅、多节点、多明挖、周边环境复杂、敷设管线多样等，不能完全套用交通隧道结构的检测和维护技术。因此，探索城市综合管廊结构健康状况的评价技术，以形成成熟、稳定、先进的运维管理技术体系，对管廊结构的病害及发展进行提前防范、超前预警、及时处理、事后巩固，对入廊管线提供安全可靠的运行环境以及维持综合管廊正常运营生产，具有重要的研究意义。

1.1.2 城市综合管廊结构修建方法概述

城市综合管廊土建结构包括主体结构与附属结构。管廊的土建结构形式与施工方法密切相关，以利于结构受力优化、空间高效利用，而管廊结构在运营期间出现的病害往往与结构形式、施工方法以及施工质量也有直接的关联，因此需要先对目前管廊结构的修建方法进行简要归纳。当前阶段国内的城市综合管廊主要集中在各城市的新区，修建条件利于采用较为经济和快速的明挖法，因此目前国内城市综合管廊的修建方法主要为明挖法(根据管廊结构的形成方式，又包括明挖现浇式和明挖预制装配式两种)，而盾构法、顶管法、矿山法等修建技术在一些局部位置(如管廊埋深较大或下穿既有道路时)也有一定的使用。

1. 管廊主体结构修建方法

(1)明挖法(现浇式)。明挖现浇综合管廊的形式目前较为常见，在明确综合管廊位置的基础上先要对地面进行大面积开挖，在工作面出来后再对结构进行现浇(图 1-1)，因此其断面形式主要为矩形，布置一个或多个舱室。这种方式虽然直接成本较低，但对地表的破坏性大，而且易引起交通的阻塞，同时造成环境的破坏，主要适用于城市新区的综合管廊建设。

(a)基坑开挖

(b)结构浇筑

图 1-1 明挖现浇式综合管廊结构施工

(2)明挖法(预制装配式)。预制装配式综合管廊是指采用预制拼装施工工艺将工厂预制的分段构件在现场拼装成型的综合管廊(图 1-2)。其地面开挖方式与明挖现浇的方式相同，对地表也有一定的破坏和影响，因此目前也主要是在城市新区的综合管廊建设中采用。在预制综合管廊结构中，由于预制管节一般能保证较好的混凝土浇筑和防渗质量，因此接头部位往往是防水处理的重点。目前我国综合管廊中采用预制拼装法施工的实例尚比较少，但在国家政策的推动下，预制装配式管廊的比例也会逐年上升。

(a)管廊廊体结构拼装　　(b)管廊廊体预制构件

图 1-2　明挖预制装配式综合管廊结构的施工

(3)盾构法。盾构法是目前我国城市轨道交通区间隧道修建的成熟施工方法，是采用盾构机进行隧道的掘进，并在盾壳的保护下完成隧道结构管片的拼装(图 1-3)。在城区修建管廊或者穿越河流等条件下采用盾构法具有较好的优势，在我国也有不少应用实例，比如天津海河综合管廊，建成后的管廊直径为 6m，长约 100m，里面安装了包括电力、燃气、通信在内的所有过河管线。

(a)管片拼装　　(b)管片接缝部位的密封垫

图 1-3　盾构法综合管廊的施工

(4)顶管法。顶管法是采用液压千斤顶或具有顶进、牵引功能的设备，以顶管工作井作承压壁，将管节按设计高程、方位、坡度逐根顶入土层。顶管法具有无须开挖地面、对地面交通和环境影响较小的优点，因此在穿越一些既有道路的情况下，采用顶管法修建综合管廊较为方便。采用顶管法修建的综合管廊的口径往往较大(>3m)，以容纳较多的管线及保证检修空间，近期也出现了一些非圆形的顶管结构用于地下通道、综合管廊的修建，见图 1-4 所示。

(5)矿山法。矿山法是采用钻眼放炮或人力及机械挖掘等方式开挖隧道空间，并用喷射混凝土支护、现浇混凝土衬砌等方式形成衬砌结构的施工方法，其常见断面为直墙拱形。矿山法综合管廊的本体造价较高，但其施工过程中对城市交通的影响较小，可以有效地降低综合管廊建设的外部成本，如施工引起的交通延滞成本、拆迁成本等，因此在城区内修建综合管廊、电力隧道时，矿山法是一种较适合的修建方法(图 1-5)。

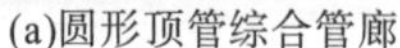

(a)圆形顶管综合管廊

(b)矩形顶管管节

图 1-4 顶管法综合管廊结构

图 1-5 矿山法施工综合管廊结构

2. 管廊附属结构修建方法

综合管廊除了主体结构，还包括人员出入口、吊装口、逃生口、通风口、管线分支口、风道等附属结构。此类附属结构往往结构形式复杂、埋深浅且通常需与地表连通，所以目前主要是采用明挖法(现浇式)进行修建。部分城市综合管廊的附属结构实例见图 1-6 所示。

(a)投料口

(b)预留管线出口

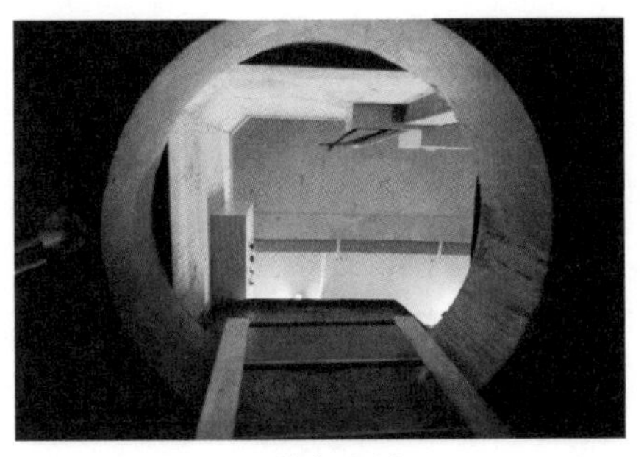

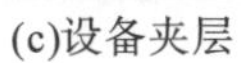

(c)设备夹层

(d)人员出入口及投料口

图 1-6 综合管廊附属结构实例

1.2 城市综合管廊结构检测技术概况

1.2.1 城市综合管廊结构病害检测技术

综合管廊结构的检测与监测工作分成了多个层次，不同层次的检测与监测工作的目标与对象各有特点，所对应的检测内容、频率以及所采用的检测与监测技术都不尽相同[13-20]。《城市综合管廊工程技术规范》(GB 50838—2015)对检测与监测工作的内容、频次等都做出了相应规定(表 1-1～表 1-4)，地方标准在此基础上再进行调整。

表 1-1 综合管廊结构常规巡检项目、内容和频次

项目	内容	巡检频次
主体结构	破损(裂缝、压溃)、剥落剥离等情况 起毛、酥松、起鼓等 渗漏水(挂冰、冰柱)、钢筋锈蚀等情况 变形缝填塞物脱落、压溃、错台、渗漏水等情况	≥1 次/周
附属结构	预埋件、锚固螺栓等金属件锈蚀、脱落等情况 各类出入口等口部启闭情况、破损情况、渗漏水情况 井盖、支吊架等结构变形、破损、缺失情况 排水沟、集水坑堵塞、破损、淤积状况	各类口部：≥1 次/天 其他结构：≥1 次/周
安全控制区	沿线道路和岩土体的崩塌、滑坡、开裂状况 违规从事禁止行为、限制行为等情况 从事限制行为时的安全保护措施落实情况	≥1 次/周，极端气候等特殊情况下增加巡检频次

表 1-2 综合管廊结构定期检测主要内容与频次

内容	周期
结构变形	≥1 次/年
渗漏水	≥1 次/年

续表

内容	周期
裂缝	≥1 次/年
结构外部缺损	≥1 次/年
混凝土碳化	≥1 次/6 年

表 1-3　综合管廊结构监测主要项目与频次

监测项目	监测点布设	监测间距与精度等级	备注
垂直位移	舱室顶板或底板至少 1 处	间距不大于 30m；结构变形监测精度不低于三等，干线、支线综合管廊变形监测精度等级宜采用二等	管廊运营初期，每季度监测 1 次，第 2 年宜每半年监测一次，遇特殊情况增加观测次数
水平位移	两侧墙至少 1 次		
轮廓测量	竖向和水平向至少 1 条测线		

表 1-4　综合管廊结构检测与监测方法和技术

检测内容		检测方法
结构缺损	裂缝	用裂缝观测仪、裂缝计、千分尺等工具测量裂缝宽度；采用超声法或钻芯取样法检测裂缝深度
	缺陷	超声法、冲击反射法等非破损办法检测内部缺陷；尺量、照相等方法记录表观缺陷
结构变形	倾斜	全站仪投点法、水平角观测法、激光定位仪垂准测量法等
	收敛变形	收敛计、手持测距仪或全站仪等固定测线法，全断面扫描法或激光扫描法
	水平/垂直位移	几何水准测量、静力水准测量；小角法、交会法、视准线法等
结构性能	混凝土碳化深度	酚酞试剂法
	混凝土抗压强度	回弹法、超声回弹综合法、钻芯法
	钢筋锈蚀	雷达法或电磁感应法等非破损方法，辅以局部破损方法进行验证

《城市地下综合管廊运行维护技术规范》(DB33/T 1157—2019)中日常巡检、定期检测的内容、频次与国家标准相同，但增加了特殊检测的内容等，如表 1-5 所示。

表 1-5　管廊主体结构在经历灾害和异常事故后的检查

灾害与异常事件	检查部位		检查项目
地震	主体结构	混凝土构件	开裂、剥落、露筋
		钢结构(端部钢板)	变形
	接头	钢板	钢板变形、焊接处损伤
	其他	地基	结构和基础空隙、垂直下沉、水平位移
		上层覆土	上层覆土厚度
火灾/爆炸	主体结构	混凝土构件	开裂、剥离、露筋(漏水)
		钢结构(端部钢板)	变形(漏水)
	接头	钢板	钢板变形、焊接处损伤

续表

灾害与异常事件	检查部位		检查项目
水位变化超过设计值允许范围	主体结构	混凝土构件	开裂、漏水、剥离、露筋
		钢结构(端部钢板)	钢板变形、焊接处损伤
疏浚导致覆盖层厚度变化超过设计允许范围	主体结构	混凝土构件	开裂、漏水
		钢结构(端部钢板)	漏水、变形

1.2.2 其他隧道结构病害检测技术

公路隧道在养护工作方面经验相对丰富，根据《公路隧道养护技术规范》(JTG H12—2015)可知，其养护工作的内容、频次、技术等如表 1-6、表 1-7 所示。

表 1-6 不同养护等级公路隧道结构检查养护频次

检查分类	养护等级		
	一级	二级	三级
日常巡查	1 次/天	1 次/天	1 次/天
经常检查	1 次/月	1 次/2 月	1 次/季度
定期检查	视隧道技术状况而定，宜每年 1 次，最长不超过每 3 年 1 次；在经常检查过程中发现技术状况差时需要及时开展定期检查；交付使用后 1 年需要进行定期检查		

表 1-7 公路隧道结构不同层次检查工作项目

检查	工作项目
日常巡检	隧道洞口边仰坡，隧道洞门结构，隧道衬砌，地下水状况，路面，预埋件、悬吊件
经常检查	隧道洞口边仰坡、积水、挂冰，隧道洞门结构开裂、错台、起层剥离，隧道衬砌开裂、渗漏水、挂冰，路面，检修道，排水设施，预埋件、悬吊件、装饰件，轮廓线
定期检查	隧道洞口山体滑坡、破碎岩、挡土墙裂缝等，隧道洞门结构裂缝、倾斜露筋，隧道衬砌开裂、渗漏水，路面起拱、开裂，检修道，排水设施，预埋件、悬吊件、装饰件，轮廓线
应急检查	原则上与定期检查相同，但应针对发生异常情况或者受异常事件影响的结构或结构部位做重点检查，以掌握其受损情况
专项检查	结构变形检查，裂缝检查，渗漏水检查，材质检查，衬砌及围岩状况检查，荷载状况检查

根据《城市轨道交通隧道结构养护技术标准》(CJJ/T 289—2018)可知，城市轨道交通隧道结构检查工作的内容、频次、技术等如表 1-8、表 1-9 所示。与公路隧道的主要不同之处在于，城市轨道交通隧道结构细分为明挖法隧道、盾构法隧道和矿山法隧道，对检查内容进行了区别。

表 1-8 城市轨道交通隧道结构检查周期

检查类型	实施周期或时间
初始检查	隧道试运营前或结构更换后的 3 个月

续表

检查类型		实施周期或时间
日常检查		(1～3)次/季度
定期检查	常规定期检查	(1～2)次/年
	特别定期检查	(1～2)次/年
特殊检查	控制保护区内施工作业期间	隧道结构出现异常
	极端或突发事件：火灾、地震、洪灾、脱轨、恐怖袭击	事件发生之后
专项检查		初始、日常、定期和特殊检查的结构存在4级或5级隧道结构时
处治后复查		处治后不少于(1～3)次/月，病害不再发展时停止处治后复查

表 1-9 城市轨道交通隧道检查工作内容

检查类型	检查内容		
	明挖法隧道	矿山法隧道	盾构法隧道
初始检查	主体结构裂缝、材料劣化、钢筋锈蚀，施工缝和变形缝，道床	洞口，洞门，衬砌裂缝、材料劣化、剥离剥落、渗漏水，施工缝和变形缝，道床	管片，管片接缝、变形缝，螺栓孔、注浆孔，道床
日常检查	检查项目与初始检查大体相同，检查内容相对更细致		
定期检查	主体结构(裂缝、材料劣化、渗漏水、钢筋锈蚀、混凝土强度、混凝土碳化深度等)，施工缝和变形缝，道床	洞口(边坡滑坡、挡土墙等)，洞门(墙身裂缝、渗漏水，结构倾斜等)，衬砌(裂缝、材料劣化、渗漏水、钢筋锈蚀、混凝土强度、混凝土碳化深度等)施工缝和变形缝，道床	管片(裂缝、材料劣化、渗漏水、钢筋锈蚀、管片强度、背后空洞、混凝土碳化深度、断面轮廓检查)，管片接缝、变形缝(错台、压溃、渗漏水)，螺栓孔、注浆孔，道床

1.3 城市综合管廊结构健康状况评价方法

综合管廊的养护工作计划、维修办法等一般需要根据检测与监测结果确定，单一的检测结果并不能完整地了解和掌握综合管廊结构健康状况，因此，需要建立用于评价综合管廊结构健康状况的评价体系。

1.3.1 现行规范中的评价方法

当前执行的城市综合管廊相关规范中，对管廊结构健康状况的评价主要如下：

(1)《城市综合管廊工程技术规范》(GB 50838—2015)侧重于管廊结构的检测、监测以及结构清洁养护、小修工程等内容，有关综合管廊结构健康状况评价内容的表述则较为简略。

(2)《城市地下综合管廊运维管理技术标准》(DB37/T 5111—2018)主要对结构定期检测工作的钢筋保护层厚度、混凝土碳化深度、钢筋锈蚀电位、混凝土电阻率等检测结果进行了简要评估分级，以此判断管廊结构在该项目下的健康状况。

《公路隧道养护技术规范》(JTG H12—2015)采用的是分项综合评价方法，该评价方法将公路隧道的结构健康状况分为5个类别，类别越高，公路隧道结构健康状况越差，该方法评价步骤简述如下：

(1)将公路隧道结构分成隧道洞口、隧道洞门、衬砌结构、衬砌渗漏水等多个分项，对隧道土建结构不同部位，按重要性大小，赋予相应的权重值。

(2)根据隧道段内土建结构的实际病害情况评定各个分项的技术状况值，选取该分项内技术状况值的最大值参与隧道结构整体的技术状况值的计算，利用公式计算得到该段隧道结构的健康状况值。

(3)根据计算得到的健康状况值和技术状况值得分级界限表，判断该段土建结构的健康等级，完成公路隧道结构的整体健康状况评定。

(4)规范还以是否影响行车安全为标准，对于洞顶悬吊件严重锈蚀，严重影响行车安全等特殊情况，则将隧道结构技术状况直接评为5类。

(5)根据各隧道段的评价结果，综合评价整座隧道的结构健康状况。

《城市轨道交通隧道结构养护技术规范》(CJJ/T 289—2018)采用的是单项指标评价方法，将隧道结构的健康度分成5个等级，级别越高，隧道结构状况越差，越不利于隧道运营。在检测隧道结构时，对隧道结构的病害位置进行记录，该评价方法可以把握发生严重病害位置的隧道结构的健康状况。其评定步骤简述如下：

(1)确定检测层次与隧道类型，根据隧道特点划分检测和评定区间。

(2)在检测区间根据隧道检测项目，对隧道各项目进行检测、记录。

(3)根据检测结果和规范给定的评定标准，对隧道结构各项目的健康度等级进行评定。

1.3.2 其他评价理论与方法

由于地下工程埋置于岩土体中，影响结构劣化的因素错综复杂，相对于地上结构更具有复杂性和不确定性，涉及材料因素、结构因素、环境因素以及设计、施工和养护管理等诸多因素。近年来，针对隧道和地下结构健康状况的评价方法，国内外学者也在开展一些相关的研究，也提出了一些评价方法，以下进行简要的总结。

1. 隧道及地下工程结构安全性评估研究现状

隧道结构的安全性是评判隧道结构的使用寿命的重要指标，通过不断对隧道健康状态的反馈与评价，对隧道结构的安全性和健康程度进行评判，确保隧道的安全。

日本从很早就针对铁路隧道、水工隧洞结构的剩余寿命进行评估，并引入了健全度的概念；美国则运用结构损伤度的概念对结构的耐用性进行评价，在日本隧道衬砌结构安全的评价中常采用隧道衬砌裂缝指数(tunnel linging crack index，TCI)这一指标来描述隧道衬砌的健康状况[21]。

Wu等[22]在研究中指出采用TCI评价隧道衬砌的健康状况存在一定缺陷，即该指标未考虑到裂缝交叉和分布对隧道衬砌稳定性的影响。作者基于此提出了一种基于裂缝分形维数的隧道衬砌健康状况评价方法，该方法通过机器视觉的方法提取裂缝图像，快速分析衬砌裂缝的分形维数。通过对日本 Hidake 隧道等 65 座隧道进行检测，分析其分形维数与 TCI 的相关性，证明分形维数可以识别一些隧道衬砌的异常区间，为进一步的内部检测提供依据。

Arends 等[23]考虑了人、社会和经济风险的作用，以此为基础提出了一种基于概率风险的隧道安全评价方法。研究了增加或取消安全措施的成本效益对隧道安全的影响，并将该方法应用于荷兰一些正在修建的隧道的安全评估中。

Maleki 等[24]将弹塑性-黏塑性本构模型应用于隧道安全评价中。首先以德黑兰 Towheed 隧道的一段为例，利用 FLAC(fast lagrangian analysis of continua)软件对其反分析，其次，通过定义与短期和长期行为相关的两个参数，对隧道的安全性进行评估。基于本构模型的硬化变量，定义了短期相关的安全参数，可以评判隧道结构的短期安全状况。对于隧道结构的长期性能而言，其性能会随时间变化，研究则综合考虑实际的剪切应变与实验得到极限剪切应变来评判隧道结构的长期安全状况。通过数值模拟结果显示，该模型所确定的安全参数可以判断顶管隧道在施工阶段和运营阶段的安全状况。

Zhou 等[25]提出了一种新的基于扭转波速的结构健康评价方法。该方法利用扭转波速确定隧道结构的整体刚度，再将计算得到的整体刚度来评价隧道结构的使用状况。该方法通过现场试验，验证了该方法的可靠性，可以较好地判断盾构隧道结构的健康状况。

Lai 等[26]采用裂缝宽度监测技术、混凝土强度监测技术、电磁波无损监测技术等现代检测技术，对衬砌裂缝、隧道渗流、衬砌空洞进行了综合检测，通过对检测结果的统计分析，得出了结构缺陷的分布特征、发展规律和损伤等级，为现有的多拱隧道工程的有效设计和健康评价提供参考。

Huang 等[27]认为隧道病害是一个模糊系统，而传统的评估系统并未考虑病害的随机性和模糊性，因此基于云理论的隧道损伤可视化评价方法，有效考虑了评价系统的模糊性和随机性，提高了结构损伤评价结果的准确性。

Rao[28]建立了岩溶地区公路隧道在役结构安全模糊综合评价模型，以惠龙山隧道为依托工程，运用最大隶属度法对其进行了安全评价。汪波[29]对隧道结构健康监测系统进行了全新定义，并运用结构安全性定量分析法与模糊综合评判相结合的手段对苍岭隧道营运期间隧道结构的安全性进行了相关评价。

黄震等[30]认为传统的盾构隧道评价理论通常只考虑了最严重指标的影响作用，而忽视了其他指标的影响，且评价过程中会受到人的影响使得评价结果出现偏差。因此，作者将可能性理论引入盾构隧道结构状况的评价中，建立完整的评价体系，实际应用状况显示在软土盾构隧道的评价中相对准确。

孔祥兴等[31]基于可拓学理论的物元可拓性和菱形思维方法，通过物元表述关系式建立隧道健康诊断的物元模型，可指导隧道长期健康服役和为及时合理养护维修提供建议。该模型考虑到可拓学原理在隧道应用过程中存在的不完善和局限性，提出了融合乘积标度法和熵权法的权重计算方法保证诊断指标权重分配的合理性，也采用非对称贴近度方法替代了因舍弃而掩盖评价结果向量部分信息的最大隶属原则。

李明等[32]引入功效系数法完成健康监测系统中多个传感器监测数据的加权综合，实现隧道结构稳定性的实时评价，并结合监测系统的特点提出了相应的探讨隧道结构稳定性的实时预警(评价)。

2. 综合管廊相关评估研究现状

Canto-Perello 等[33, 34]在其研究中着重指出了综合管廊的创新性和组织优势，并提出安全管理应成为综合管廊决策的关键因素。此外还提出了一种结合色标法、德尔菲法和层次分析法的专家系统，分析了综合管廊的临界性和威胁性，用来支持城市地下设施安全政策的规划。

Jang 等[35]研究肯定了用综合管廊容纳天然气管道的优势，但存在管道泄漏与爆炸的危险。为此作者研究了综合管廊内由于燃气泄漏及未知点火导致瓦斯爆炸的情况，计算了保障管廊及其内部设施的影响程度，并提出了设计额外安全措施的需求。

晋雅芳[36]以政府与社会资本合作(public-prirate partnership，简称 PPP)模式综合管廊为研究对象，总结了项目在宏观、中观、微观三个层面所面临的十二种风险因素，并以博弈论理论模型对分担过程中的风险定价问题进行分析，确定风险分担最优比例。通过确定的最优比有助于解决政府与社会资本合作时存在的问题，促进项目落实。周鲜华等[37]同样针对 PPP 模式综合管廊进行研究，构建了风险因素五级层次结构模型，通过计算各风险因素的驱动力和依赖性，得出了风险因素间的相互作用。赵佳等[38]利用风险过滤、评级和管理(risk filtering rating and management，RFRM)法结合改进层次分析法、熵权法和贝叶斯决策，对综合管廊 PPP 模式融资风险因素进行过滤，提出风险防范和风险规避的相关建议。王述红等[39]构建了综合管廊多灾种耦合致灾风险评估模型。李芊等[40]运用决策试行与评价实验室(decision making trial and evaluation laboratory，DEMATEL)方法识别出综合管廊运维管理过程中的关键风险因素，并对关键风险因素提出具体的防范措施。

目前有关城市综合管廊结构健康状况评价方面的研究还很少，而考虑到城市综合管廊属于隧道及地下工程中的一种结构形式，具有与隧道一定相似程度的结构特点，因此应广泛借鉴隧道及地下工程领域关于结构安全性评价方面的研究。隧道及地下工程结构安全性评价的相关研究目前主要集中在结构设计安全方面，已有的评价指标多是针对隧道交通安全，或是对隧道衬砌劣化损伤情况进行研究。这些评判指标对隧道结构实际健康状态的评判，虽有一定的借鉴和参考意义，但是考虑到城市综合管廊的功能性相对更加复杂多样[41-43]，因此，针对复杂条件下城市综合管廊的结构健康状态，借鉴隧道及地下工程结构安全评价等相关理论及方法，探索构建城市综合管廊结构健康评价方法就很有必要。

2　城市综合管廊结构病害特点及影响因素分析

2.1　城市综合管廊结构病害案例调研

为结合城市综合管廊结构病害类型及发展变化规律，全面总结病害影响因素，对国内典型城市综合管廊进行了调研工作，所选取的城市综合管廊实例，分别位于国内不同的地理、地质、气候区域。国内城市综合管廊建设起步较晚，广州大学城综合管廊于2005年建成并投入运营，为调研案例中最早投入运营的综合管廊。同时，为了丰富和补充近似地下结构的形式，更为全面地了解地下结构的病害特点和发展规律，也补充调研了一批电力隧道。

2.1.1　广州大学城综合管廊

1. 区域地质及气候条件

(1) 地形地貌。广州地处珠江三角洲的北部边缘，是三角洲平原与低山丘陵区的过渡地带。东北部是由花岗岩与变质岩组成的低山丘陵区，西部是由河流冲积堆积组成的冲积平原，南部为微向南倾斜的珠江三角洲平原，其中分布零星的残丘和台地[44]。

(2) 地层岩性。广州地区出露的地层类型比较丰富，但主要以第四系地层为盖层，而前第四系地层作为基地岩层。根据基岩成因类型，可以将广州地区分为：花岗岩、混合岩、变质岩分布区，碎屑岩分布区，灰岩、岩溶分布区。根据盖层的沉积类型可以分为：海陆交互相软土沉积区，冲积相砂土沉积区，冲洪积砂土堆积区。

(3) 地下水类型。根据广州市地下水的形成和赋存条件、水力特征及水理性质，广州市内地下水可划分为三大类型：松散岩类孔隙水、碳酸盐类岩溶水和基岩裂隙水。松散岩类孔隙水按含水层成因可分为三角洲相沉积层孔隙水和冲洪积相沉积层孔隙水；基岩裂隙水又可划分为块状岩类裂隙水、层状岩类裂隙水和红层裂隙水。在广大的低山丘陵区，植被茂盛，断裂和岩石节理裂隙发育，基岩裸露，有利于大气降水渗入补给。在低丘台地和平原地区，红色岩层和砂页岩含泥质多，裂隙多呈闭合状态，地表覆盖的黏性土层厚，透水性差，不利于降雨渗入补给。第四系冲洪积沉积的砂、砂砾石层，除接受河水补给外，还接受基岩山区裂隙水的侧向补给。除此之外，区内中小型水库水渗漏补给地下水。因此大气降水和地表水是地下水的补给来源。

(4)气候条件。广州市地处南亚热带，属海洋性季风气候；年平均降水量1725.7mm，年平均蒸发量1603.5mm，降水量大于蒸发量，地表水系发育，地下水的补给来源充足。

2. 调研对象工程概况

广州大学城综合管廊是广东规划建设的第一条综合管廊，位于广州大学城内主干路下，沿中环路呈环状结构布置。自2003年开始，到2005年共建设综合管廊约17.9km，其中10km干线管廊，7.9km支线管廊。

管廊规划建设在小谷围岛中环路中央隔离绿化带地下，沿中环路呈环状结构布局。管廊纵向沿线地质差异大，既有软土地段，又有丘陵地段，各地段的土层性质差异大。地下水主要为裂隙孔隙水和第四系孔隙水，周围围岩及土质含水量充足[45]。

管廊以明挖法施工，结构本体是分段(30m)现浇的钢筋混凝土结构，中间设变形缝，其标准断面及内部管线布置如图2-1所示[45-46]。

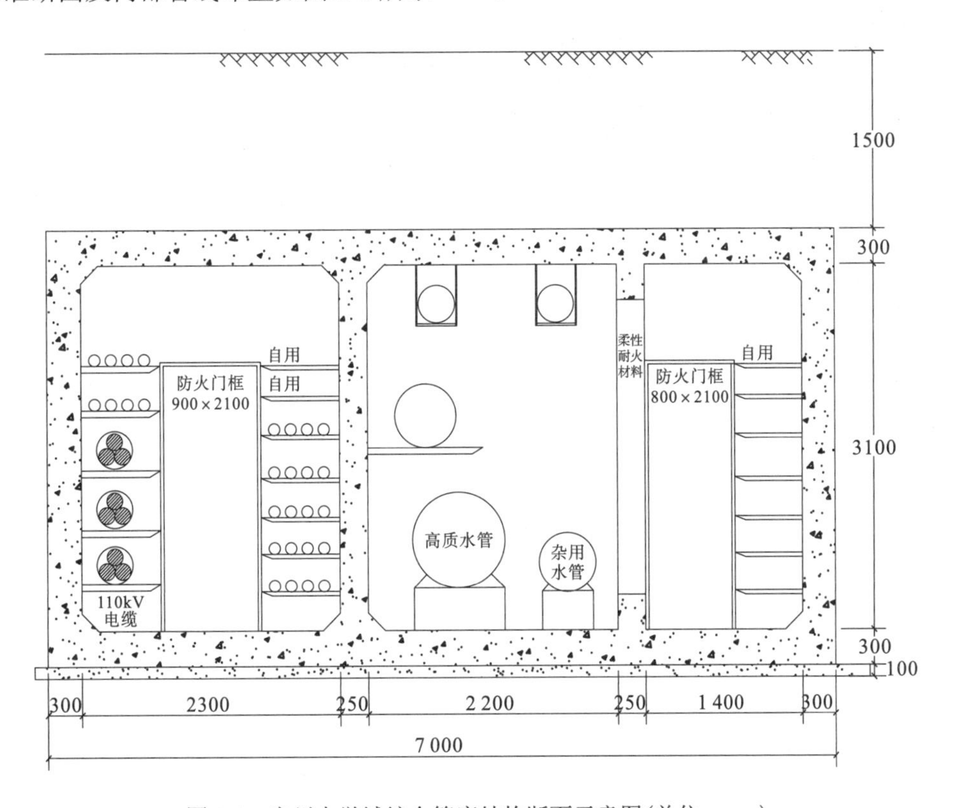

图2-1 广州大学城综合管廊结构断面示意图(单位：mm)

3. 调研对象结构病害情况

经现场调研，该综合管廊结构目前主要病害现象包括：施工缝、变形缝、穿墙构件、预埋构件等位置出现严重渗水现象，预埋件及托架等金属结构腐蚀严重；结构局部缝隙密集分布较广，且缝隙出现渗水；局部变形缝错台严重，且有压溃剥落破损现象。广州大学城综合管廊结构部分病害情况见图2-2。

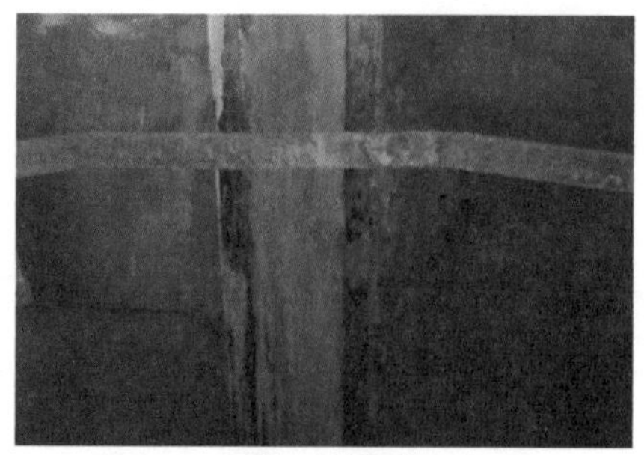
(a)施工缝渗水

(b)结构渗水，构件生锈

(c)结构开裂渗水

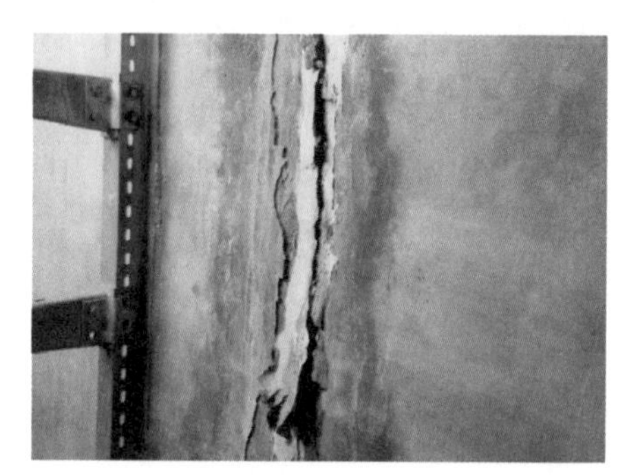
(d)变形缝混凝土破损

图 2-2 广州大学城综合管廊结构病害情况

总体上，该综合管廊的结构病害以渗漏水为主，造成管廊内部潮湿、构件锈蚀等情况较为普遍，急需大中修。

2.1.2 佛山新城综合管廊

1. 区域地质及气候条件[47]

⑴地形地貌。佛山市地处珠江三角洲腹地，大部分为平原台地区，地势大致西北、西南部高，中、东南部低。

⑵地层岩性。根据岩土特征和物理力学性质，区内岩土体可划分为 3 类土体和 6 类工程地质岩性组，分别为卵砾单层土体，砂类土、黏性土双层土体，砂类土、黏性土、淤泥类土多层土体，层状片岩、板岩、千枚岩岩性组，层状碳酸盐岩岩性组，“红层”碎屑岩岩性组，层状碎屑岩岩性组，块状喷出岩岩性组和块状侵入岩岩性组。

⑶地下水类型。区内地下水类型分为松散岩类孔隙水、碳酸盐岩裂隙岩溶水和基岩裂隙水三大类，基岩裂隙水又可分为层状岩裂隙水、红层裂隙水和块状岩裂隙水三个亚类。

⑷气候条件。佛山市属亚热带季风性湿润气候区，气候温和，雨量充足。年平均气温 22.5℃，1 月最冷，平均 13.9℃，7 月最热，平均 29.2℃；年降水量 1681.2mm，西部和北部丘陵山地因地形抬升作用而降水稍多，年平均雨日 146.5 天。雨季集中在 4～9 月，

其间降水量约占全年总降水量的 80%，夏季降水不均，旱涝无定，秋冬雨水明显减少。年日照时数达 1629.1 小时，作物生长期长。

2. 调研对象工程概况

项目位于佛山东平新城内，总规划 20km，2006 年建成首期 9.7km。全段均为单舱断面，入廊管线有电力(10kV)、通信、供水、直饮水 4 种管线。廊体结构为明挖现浇混凝土箱体结构，内部尺寸为 3200mm×2800mm，见图 2-3 所示[48]。

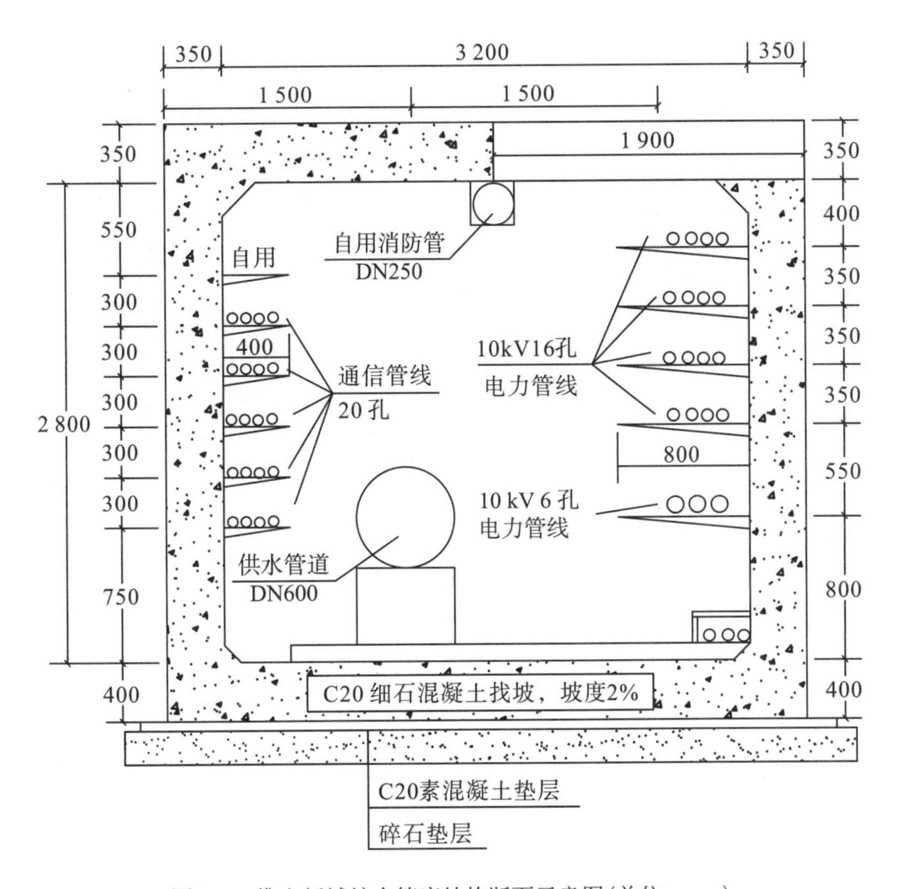

图 2-3 佛山新城综合管廊结构断面示意图(单位：mm)

3. 调研对象结构病害情况

该管廊结构的病害情况主要包括：

(1) 廊体结构缺乏维护，廊内结构多处漏水，集中在施工缝、沉降开裂、出入口、管线引出预留孔等位置，急需大中修。

(2) 地铁施工导致管廊下沉，上浮河水倒灌入廊；没有做沉降检测。

(3) 预留口封堵用水泥为主，漏水严重。

佛山新城综合管廊廊体结构的部分病害情况见图 2-4 所示。

(a)管廊内部情况

(b)投料口漏水

(c)管线出口漏水

图 2-4 佛山新城综合管廊结构病害情况

总体上，该管廊结构的病害主要以渗漏水为主，并伴随着邻近地下工程的施工造成部分区段沉降过大、结构变形和渗漏水加剧的问题。

2.1.3 珠海横琴新区综合管廊

1. 区域地质及气候条件

(1)地形地貌。珠海市横琴新区与澳门特区隔海相望，该区水陆、陆路交通发达，是珠海市经济发展和城市建设的桥头堡。横琴片区场地原地势平坦而低洼，北面即为珠江入海口——马骝洲水道，20 世纪 70、80 年代经人工填海而形成浅海滩涂地貌，地面标高变化为 2.5～4.5m。

(2)地层岩性[49-50]。珠海地区的软土由淤泥及淤泥质土组成，珠海软土按沉积成因可分为三类：滨海相软土、三角洲相软土和内陆相软土。其中，滨海相软土主要分布于滨海平原海湾地段，为近代海退所形成的浅海堆积，分布范围广，厚度大，为珠海地区最主要的软土层。横琴开发区一带，软土分布面积较广，层位稳定，厚度一般为 20～50m，以淤泥为主。

(3) 地下水类型[49-50]。根据地下水的形成、赋存条件、水力特征及水理性质，珠海市的地下水可划分为两大类型：松散层类孔隙水和基岩裂隙水。松散层类孔隙水包括第四系冲洪积层孔隙水、海冲积层及海积层孔隙水，基岩裂隙水包括块状基岩裂隙水和层状基岩裂隙水。大气降水是孔隙水及基岩裂隙水的主要补给源。孔隙水还接受周边基岩裂隙水的侧向补给和汛期河水补给，水力坡度平缓，以水平径流为主，并以渗流形式向河流及海排泄。

(4) 气候条件。珠海市属亚热带海洋性气候，年平均气温 22.4℃，年平均降水量 1700～2300mm，其中 4～9 月平均为 1675mm，约占全年总降水量 84%。

2. 调研对象工程概况

横琴新区地下综合管廊，是在海漫滩软土区建成的国内首个成系统的综合管廊，于 2015 年建成约 33.4km，沿环岛北路、环岛东路、港澳大道、横琴大道等地形呈“日”字形环状管廊系统。管廊最窄处宽 3m、高 3m，覆土厚度为 2.0m、最深处有 8.3m。廊体结构主要为明挖现浇箱形结构，有单、双及三仓式多种模式(图 2-5)。设有 1 座监控中心，入廊管线包括给水、电力、通信、中水、真空垃圾、冷凝水管六类。配备有计算机网络、自控、视频监控和火灾报警四大系统，具有远程监控、智能监测(温控及有害气体监测)、自动排水、智能通风、消防等功能。

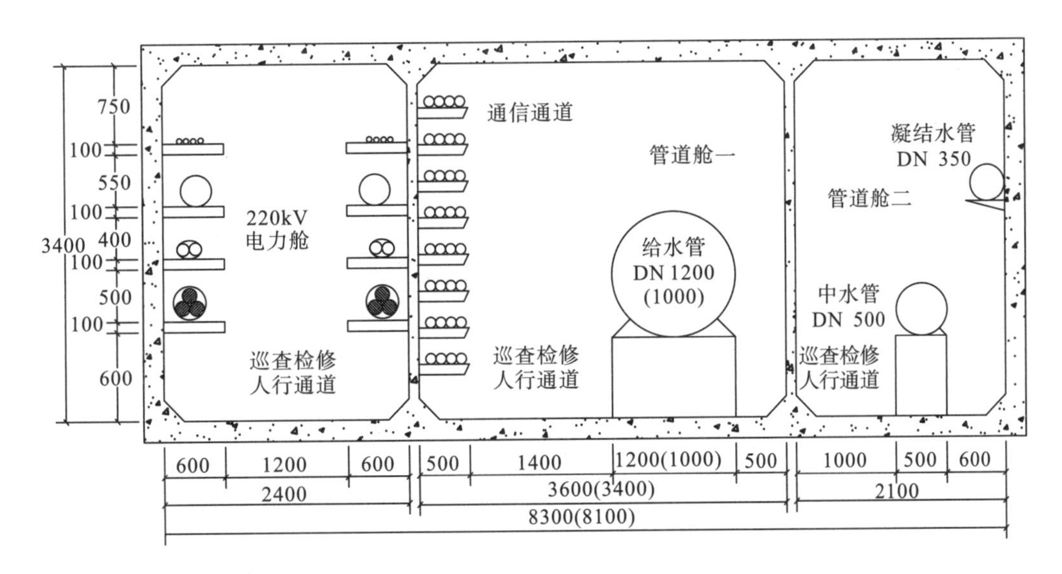

图 2-5 珠海横琴综合管廊结构断面示意图(单位：mm)

3. 调研对象结构病害情况

由于该管廊投入运营的时间不长，因此管廊结构的整体情况良好，主要出现了局部渗水、变形缝开裂、裂缝周边混凝土裂损等情况。该管廊结构的部分病害情况见图 2-6 所示。

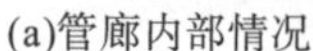

(a)管廊内部情况

(b)管廊变形缝开裂、渗水

图 2-6 珠海横琴综合管廊结构病害情况

2.1.4 厦门集美新城综合管廊

1. 区域地质及气候条件

(1)地形地貌。厦门岛以中部筼筜湖—钟宅湾北东向展布的长条形洼地为界，把该岛明显地分为两个形态不同的地貌单元(北部丘陵区和南部山区)，构成南高北低、东陡西缓、港湾发育的地貌形态。集美新城综合管廊场地原始地貌类型主要由残坡积台地和港湾滩涂组成，并总体由残坡积台地向港湾滩涂地带缓倾斜，地势总体较开阔，地形波状起伏不大，设计路段为填方段。

(2)地层岩性。场地内岩土层自上而下依次分别是填筑土、种植土、微含细粒土中砂、有机质高液限黏土、中液限黏质土、微含细粒土粗砂、残积中液限黏质土、全风化花岗岩、砂砾状强风化花岗岩。

(3)地下水类型。场地区水系发育，河沟纵横交错，池塘星罗棋布。外围河流均发源于北部低山残丘，以坂头河为主。流量受季节影响变化较大，流向以西北往南东为主，次由北向南流入杏林湾出海，涨潮时海水倒灌流入。因集杏海堤阻拦，形成杏林湾水库而定期通过桥闸排入海中，水位随季节和人为调节而变化。

(4)气象条件。厦门地区属南亚热带海洋性季风气候，多年平均气温 20.8℃；降水主要集中于 4～8 月，多年年平均降水量为 1183.4mm，多年平均蒸发量 1910.4mm；3～8 月较潮湿，多年平均相对湿度 78%。

2. 调研对象工程概况

集美新城在主干路网上布置“三横三纵一环”和集美大道干支线综合管廊，建设总长度达到 13.6km，总投资 10.51 亿元。集美大道综合管廊结合 220kV 厦门电力进岛第一通道扩建工程架空线路缆化同步建设，总长 5.9km，总投资约 5 亿元。调研所参观的综合管廊区段为箱形断面结构，采用明挖现浇方法施作(图 2-7)，铺设在路面以下，最低覆土高度 0.52m。综合管廊内收纳了电力、电信、给水管、中水管、污水及其他预留管线。

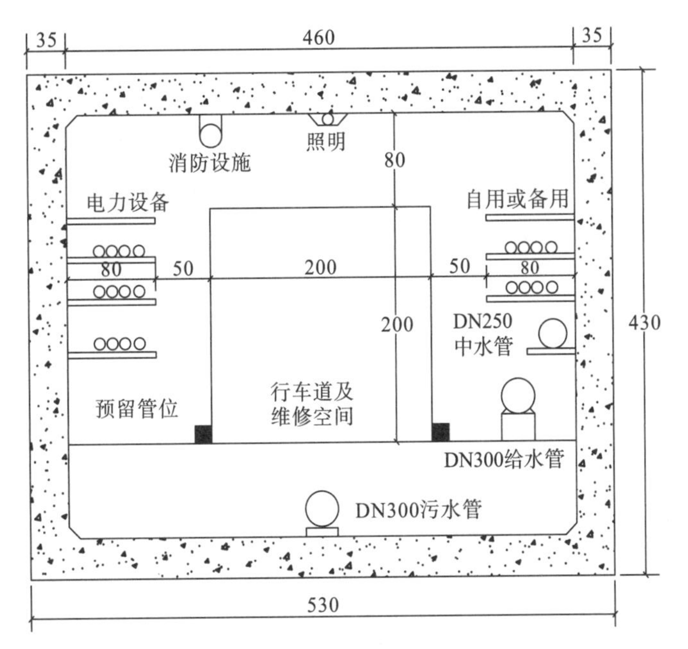

图 2-7 厦门集美新综合管廊结构断面示意图(单位：cm)

3. 调研对象结构病害情况

该综合管廊的建成时间为 2015 年，因此总体的结构病害较少。主要出现了局部渗水、变形缝开裂、裂缝周边混凝土裂损等情况。该管廊结构的部分病害情况见图 2-8 所示。

(a)管廊内部情况

(b)管廊结构变形缝开裂、渗水

(c)管廊管线出口渗水

(d)管廊底板渗水、水沟积水

图 2-8 厦门集美新城综合管廊结构病害情况

2.1.5 石家庄正定新区综合管廊及桥西变电站电力隧道

1. 区域地质及气候条件[51-52]

(1)地形地貌。石家庄地势西高东低，海拔高程由山前的100m左右下降到东部的30m左右，西部为山区，中部及东部为冲积平原，占全区面积的70%左右，地貌形态为冲洪积扇群和山前倾斜平原。根据地貌类型及形态特征本区可划分为构造剥蚀地形、剥蚀堆积地形和侵蚀堆积地形。

(2)地层岩性。石家庄市区地层具有典型的冲洪积成因特点，颗粒上细下粗，二元结构明显，与工程较密切的主要地层可简单概括为两层土、两层砂。地表至第一层砂土间普遍发育一套黄土状土，其顶板高程为67.0～74.0m，厚1.5～9.0m，为第四系全新统冲洪积物，大孔结构明显，可见垂直节理及虫孔，具有不均匀湿陷性，湿陷系数为0.015～0.045，属Ⅰ级非自重湿陷性场地。直立性好，边坡坡度可在1∶0.75以上，表层多覆盖人工堆积层。第一层砂以粉细砂为主，局部相变为中砂，多为稍密—中密，顶板高程为59～70m，厚6.0～8.0m，黏粒含量高。

(3)地下水类型。石家庄区段平原地区地下水位埋深总的趋势是由北往南、由西向东呈递减之势，市区由于受水位下降漏斗影响，地下水位埋深最大，平均水位埋深为全区各市之首。东部平原石津渠以北的辛集、晋州地区水位埋深为33～35m。东北部平原无极、深泽地区水位埋深为23～26m。中部平原藁城水位埋深为32～36m。北部平原的正定、新乐、行唐地区由20～25m，加深到南部的30m～35m。南部平原的栾城、赵县、高邑地区水位埋深为35～40m；高邑县后庄头一带可视为邢台宁柏隆漏斗的边缘地带，水位埋深较大。石家庄市水位埋深一般在38～48m，最大水位埋深(铁道学院、桃园一带)接近53m。

(4)气象条件。石家庄属暖温带亚湿润大陆性季风气候，四季变化明显，降水量多集中在6～8月份，约占全年的70%，大风多集中在三四月份。历年各月极端最高气温为42.9℃，各月极端最低气温为-19.3℃。年平均气温为14.26℃，最冷月平均气温为-1.15℃，最热月平均气温为26.6℃。年平均相对湿度为60.4%，年平均降水量为456mm，年平均蒸发量为1305.8mm。

2. 调研对象工程概况

在石家庄调研了1处综合管廊、1处电力隧道。

(1)正定新区综合管廊。正定新区为新建城区，依靠正定新区主干路路网规划，在北京大街、天津大街、迎旭大道、柏坡大道、隆兴大道、上海大街和西藏大道等7条道路下共建设36.23km长地下市政综合管廊，以满足区域主干线路(给水、再生水、供热、电力、通信等管线、线缆)的敷设需求，同步配套给排水、照明、检测、监控、消防、通风等设施。项目于2012年开始建设，2016年时已开工建设综合管廊约19km(北京大街、天津大街、迎旭大道、隆兴大道、上海大街)，其中主体工程2016年已完工约15km(北京大街、天津大街、迎旭大道、上海大街)。正定新区综合管廊的标准断面如图 2-9 所示，为双舱矩形断面，采用明挖法修建，上覆路面。

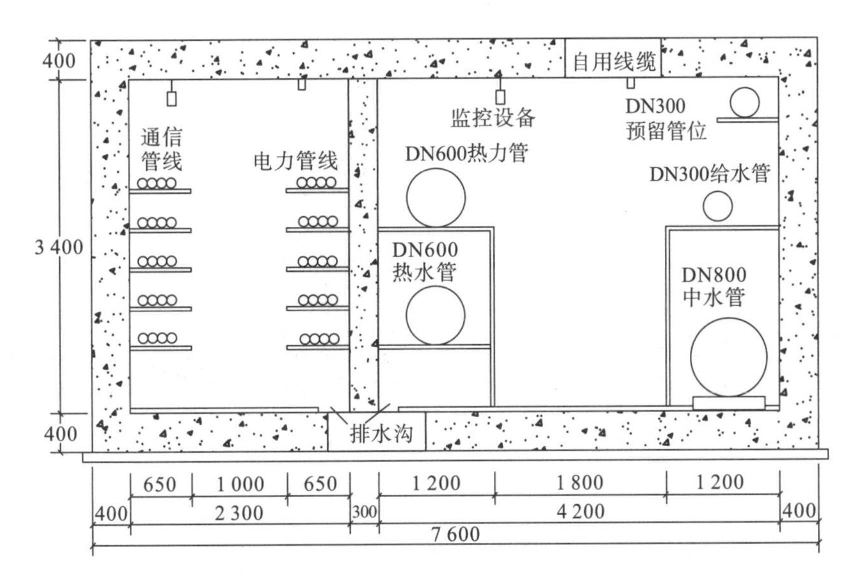

图 2-9　石家庄正定新区综合管廊结构断面示意图(单位：mm)

(2) 石家庄桥西变电站电力隧道。石家庄桥西变电站于 2013 年建成投入使用，与之相连的电力隧道根据埋深变化的情况，结构断面形式分别由明挖矩形结构向暗挖马蹄形结构过渡，在下穿铁路的地段也采用了一段顶管法结构通过。该电力隧道内部主要收纳高压电缆，也设置了监控、消防、通风、防灾等附属设施。各类结构断面形式见图 2-10 所示。

(a)明挖段

(b)暗挖段

(c)顶管段

图 2-10　石家庄桥西 220kV 变电站电力隧道断面类型

3. 调研对象结构病害情况

(1) 正定新区综合管廊。进行调研时，正定新区综合管廊尚未正式投入使用，因此管廊结构尚处于完好的状态。加之由于石家庄地区地下水埋深较大，在正定新区综合管廊中未观察到出现渗水的情况。该管廊结构的内部情况见图 2-11 所示。

(2) 石家庄桥西变电站电力隧道。该电力隧道整体的结构情况相对良好，结构偶尔见有局部开裂，但裂缝宽度不大；顶管段有一条环向裂缝，应是与下穿铁路的影响有关；

电力隧道内排水边沟内有部分积水，且有一定泥砂淤积，与隧道所处的地层条件为砂层有关，在降雨丰水期随渗水进入电力隧道内。石家庄桥西变电站电力隧道典型的结构病害见图 2-12 所示。

(a)管廊内部情况-1

(b)管廊内部情况-2

图 2-11 石家庄正定新区综合管廊内部情况

(a)结构底板裂缝

(b)排水边沟积水

(c)顶管段环向开裂

图 2-12 石家庄桥西 220kV 变电站电力隧道结构病害情况

2.1.6 北京昌平未来科技城综合管廊

1. 区域地质及气候条件[53]

(1) 地形地貌。北京分为山地和平原，北京山地与平原界限清晰，山地为黄土高原及华北中、低山，平原为松辽—华北平原。平原自西北向东南缓缓倾斜，高度逐渐降低；山地有东西走向的燕山和南北走向的太行山。西部为西山，属太行山脉；北部和东北部为军都山，属燕山山脉。最高的山峰为京西门头沟区的东灵山，最低的地面为通州区东南边界。

(2) 地层岩性。综合管廊所在场地从上至下可分为人工填土、新近沉积物、一般第四系沉积物。人工填土包括粉质黏土素填土、房渣土；新近沉积物包括粉质黏土-粉质粉土、黏土、有机质-泥炭质黏土、粉质黏土、砂质黏土、细砂；一般第四系沉积物包括细砂、砂质粉土、黏土、砂质粉土、粉质黏土等。

(3) 地下水类型。管廊沿线皆遇多层地下水，类型为孔隙潜水。第一层为上层滞水，水位埋深一般为 0.4～2.1m；第二层为潜水，水位埋深一般为 2.5～6.4m；第三层为潜水，水位埋深一般为 15.5m。因此，管廊位置地下水位普遍高于结构底板。

(4)气象条件。北京的气候为暖温带半湿润半干旱季风气候，夏季高温多雨，冬季寒冷干燥，春、秋短促。全年无霜期180～200天，西部山区较短。2007年平均降水量483.9mm，为华北地区降水最多的地区之一。降水季节分配很不均匀，全年降水的80%集中在夏季6、7、8三个月，7、8月有大雨。

2. 调研对象工程概况

该综合管廊建成时间为2013年。主要调研区段的标准断面共分为4舱，分别为电舱Ⅰ、电舱Ⅱ、水+电信舱、热力舱，管廊结构形式为明挖现浇的钢筋混凝土闭合框架结构，标准段尺寸宽14.95m，高3.9～4.1m，覆土范围为3.0～11m。过水源九厂进水管处改为暗挖通过，结构断面为马蹄形，由4舱变为3舱，见图2-13所示。

(a)明挖段

(b)暗挖段

图2-13 北京昌平未来科技城综合管廊结构断面类型

3. 调研对象结构病害情况

该综合管廊的运营时间不长，结构情况较为良好，主要的病害为结构局部开裂、出现渗水并有堵漏处理的痕迹，底板偶见湿渍。典型病害情况见图2-14。

(a)变形缝开裂

(b)变形缝渗水

(c)底板有湿渍

图2-14 北京昌平未来科技城综合管廊结构病害情况

2.1.7 宁波东部新城综合管廊

1. 区域地质及气候条件[54]

(1)地形地貌。宁波平原东北部临海，西北及西南部为四明山低山丘陵，东南部为沿海丘陵，平原区为浙北堆积平原中的宁波湖沼堆积平原，河网密布，平均高程 2～3m。宁波市地势西南高，东北低。市区海拔 4～5.8m，郊区海拔为 3.6～4m。地貌分为山地、丘陵、台地、谷(盆)地和平原。全市山地面积占陆域的 24.9%，丘陵占 25.2%，台地占 1.5%，谷(盆)地占 8.1%，平原占 40.3%。

(2)地层岩性。宁波市区分层从上到下依次为填土、淤泥、泥炭质土、淤泥质黏土、轻亚黏土、淤泥质亚黏土、黏土、亚黏土、含砂砾等，海积软土层分布十分广泛，厚度不均，物理力学性质差。典型的工程地质特点为地下水位高、土层含水率高，压缩性高，强度低，灵敏度高，透水性低，修建工程结构物时通常需要对软土地基进行处理。

(3)地下水类型。该区域主要的地下水类型为：潜水含水层、第 I 承压含水层、第 II 承压含水层、基岩裂隙水。对浅层地下工程影响最大的为潜水含水层，潜水位埋藏深度为 0.5～1.0m，城区潜水位埋深 1～2m。宁波地区丰富的地下水对地下空间开发影响较大，主要表现在两个方面：一是由孔隙潜水引起的管涌、坑壁渗水及地下结构的托浮破坏；二是由孔隙承压水引起地面沉降、基坑突涌等环境地质问题。

(4)气象条件。宁波四季分明，冬夏季长达 4 个月，春秋季仅约 2 个月，全市的多年平均气温 16.4℃，极端气温最高 41.2℃，最低-10℃。多年平均降水量 1480mm，山地丘陵一般要比平原多三成，主要雨季有 3～6 月的春雨连梅雨和 8～9 月的台风雨和秋雨，主汛期 5～9 月的降水量占全年的 60%。宁波市的主要灾害性天气有低温连阴雨、干旱、台风、暴雨洪涝、冰雹、雷雨大风、霜冻、寒潮等。

2. 调研对象工程概况

宁波东部新城综合管廊于 2012 年成立综合管廊管理中心，开始试运行；2014 年完成所有机电安装，进入正式运营期。综合管廊由三横三纵组成，总长度约 9.38km，服务面积约 4km^2。电力、通信、给水、热力等各类管线统一入廊。2014 年建成运营以来，各类入廊管线长度近 260km。管廊的标准断面为矩形双舱形式，容纳电力、电信、移动、联通、广电、给水、热力等各类管线，并预留有中水管位，见图 2-15 所示。

3. 调研对象结构病害情况

该综合管廊结构总体情况良好，有少量裂缝进行了修补，部分施工缝和变形缝部位出现了渗水进行了堵漏修复。此外，在台风等极端天气期间，部分管线引出口的预留孔洞处会出现地表积水涌入的情况。典型病害情况见图 2-16 所示。

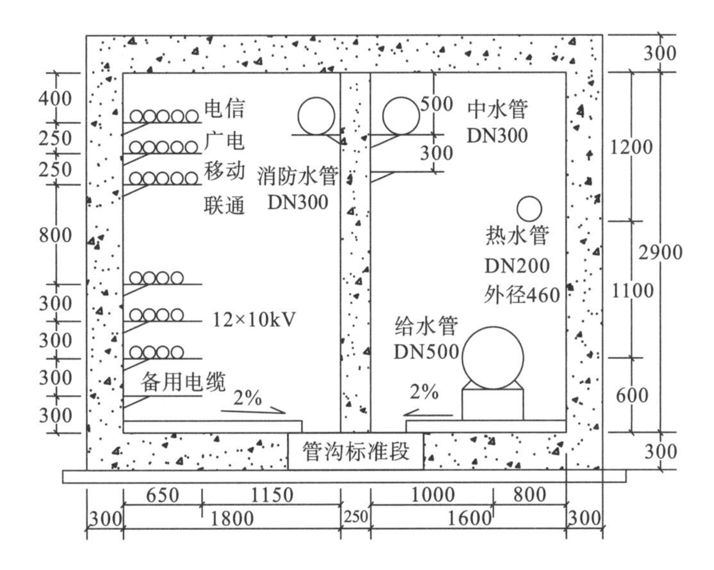

图 2-15 宁波东部新城综合管廊结构断面形式(单位：mm)

(a)管廊内部情况

(b)局部裂缝修补

图 2-16 宁波东部新城综合管廊结构病害情况

2.1.8 上海世博园综合管廊

1. 区域地质及气候条件[55]

(1)地形地貌。上海市地处长江三角洲东缘，系江、河、湖、海动力作用条件下形成的广袤堆积平原。区内河渠交织成网，湖塘星罗棋布。全区地势平坦，略成东高西低的倾斜状平原。地面高程(吴淞基准面)一般为 2.2～4.8m，其中高程在 4.0m 以下的地区约占全区总面积的 50%左右。

(2)地层岩性。场址区内断裂构造发育，基底基本由碎块构成。据钻探揭示，场址区内基底岩性主要为上侏罗统火山岩和火山碎屑岩，局部为燕山期花岗岩。根据已有资料，在场地内地基土均属第四系沉积物，主要由软土、黏性土、粉性土和砂土组成。

(3)地下水类型。场址区按照地质时代、水动力条件和成因类型，将第四系松散岩类孔隙含水层划分为 6 个含水层(组)：潜水含水层和微承压含水层，第Ⅰ、Ⅱ、Ⅲ、Ⅳ承压含水层组，其中第Ⅰ、Ⅱ承压含水层在区内沟通。对浅埋工程有影响的主要为潜水和微承压含水层。

(4)气象条件。上海属于亚热带湿润季风气候，年平均气温约15℃，1月份为3.5℃，8月份为27.6℃，年平均降水量达1100多毫米，春夏之交为梅雨季节，年蒸发量为882.4mm。

2. 调研对象工程概况

上海世博园综合管廊于2007年开工建设，2010年世博会期间正式投入运营。管廊围绕博成路、国展路、后滩路、白莲泾路，呈环状结构分布，总长约6.4km。入廊管线有电力电缆、通信电缆和给水管线。断面为矩形，分单舱、双舱两种(图2-17)，其中200m单舱采用预制拼装施工。调研参观的区段主要为明挖现浇段。

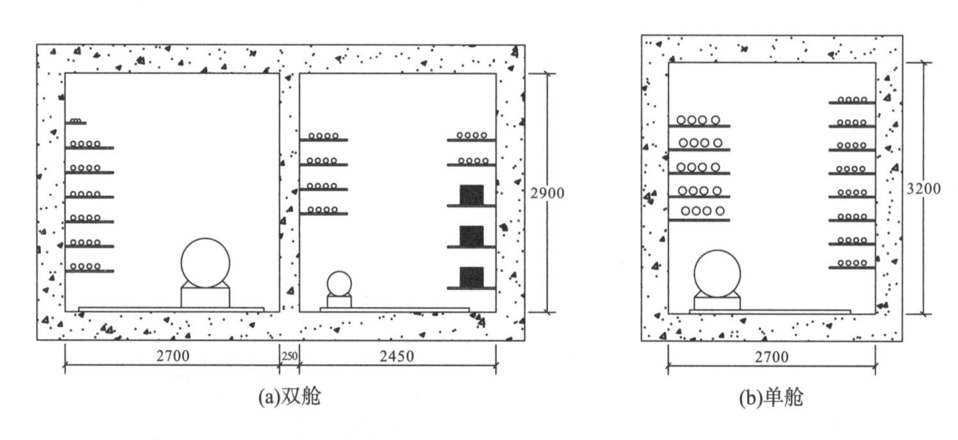

图2-17　上海世博园综合管廊断面结构形式(单位：mm)

3. 调研对象结构病害情况

该管廊投入运营的时间不长，因此管廊结构整体情况良好。主要是在结构局部出现了一些施工缝和变形缝开裂渗水且进行了修补，个别区段出现了不均匀沉降导致结构开裂、渗水的情况比较集中，主要与场地的地质条件有关，在该位置进行了沉降监控。在出露地面的管廊投料口由于密封不好，出现了进水的情况。该管廊结构的典型病害见图2-18所示。

(a)顶板裂缝修补

(b)局部渗水修补

(c)变形缝渗水

(d)顶板开裂

(e)局部不均匀沉降

(f)投料口漏水

图 2-18 上海世博园综合管廊断面结构病害情况

2.1.9 天府新区汉州路及雅州路综合管廊

1. 区域地质及气候条件[56]

(1)地形地貌。成都市地处四川盆地西部，辖区面积 1.43 万 km^2，其中山地丘陵占 60%。全市地势差异显著，构造复杂，西部属于四川盆地边缘龙门山地区，以深丘和山地为主，海拔大多为 1000～3000m，相对高差在 1000m 左右，龙门山断裂带由此经过；中部是成都平原的腹心地带，主要是第四系冲积平原；东部是龙泉山区，由低山丘陵和部分台地组成。

(2)地层岩性。管廊修建的场地内地层为人工填土层的杂填土、素填土及第四系全新统冲洪积层的黏性土、粉土、细砂、中等风化花岗岩卵石土和石英岩卵石等。

(3)地下水条件。场地局部地段填土内见少量上层滞水，上层滞水无统一水位。场地地下水主要为第四系冲洪积砂卵石层中的孔隙潜水，含水层为砂、卵石层，卵石层透水性良好。主要接受地下水侧向径流及大气降水补给，因卵石层透水性及富水性较好，故卵石层含水较丰富，对工程基础设计和施工影响较大。第四系冲洪积砂卵石层松散岩类孔隙潜水，是场地主要的地下水类型。填土层广泛分布于地表，渗透系数差异较大；粉质黏土、粉土层为弱透水层，富水性较差；砂层为强透水层，富水性较好。卵石层为强透水层，富水性好。

(4)气象条件。成都属亚热带季风气候，具有春早、夏热、秋凉、冬暖的气候特点，年平均气温 16℃，年降雨量 1000mm 左右。成都气候的一个显著特点是多云雾，日照时间短。成都气候的另一个显著特点是空气潮湿，因此，夏天虽然气温不高(最高温度一般不超过 35℃)，却显得闷热；冬天气温平均在 5℃以上，但由于阴天多，空气潮，却显得很阴冷。成都的雨水集中在 7、8 两个月，冬春两季干旱少雨，极少冰雪。

2. 调研对象工程概况

(1)天府新区汉州路综合管廊。汉州路综合管廊项目位于天府商务区，天府大道东侧，紧邻西部国际会议展览中心。位于道路西侧绿化带内，全长 2.6km。一期建设 1.2km，二期建设 1.4km，共有双舱、三舱、四舱三种管廊断面(图 2-19)。入廊管线包括给水、再生水、通信、电力、雨水管道等，2014 年开工建设，已于 2016 年 6 月完成全部土建工程。

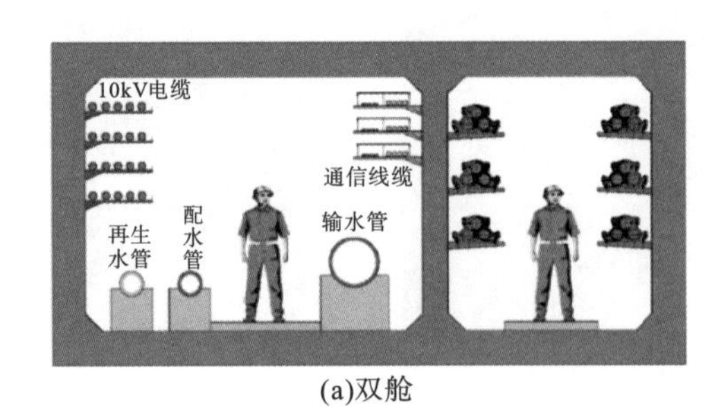

(a)双舱

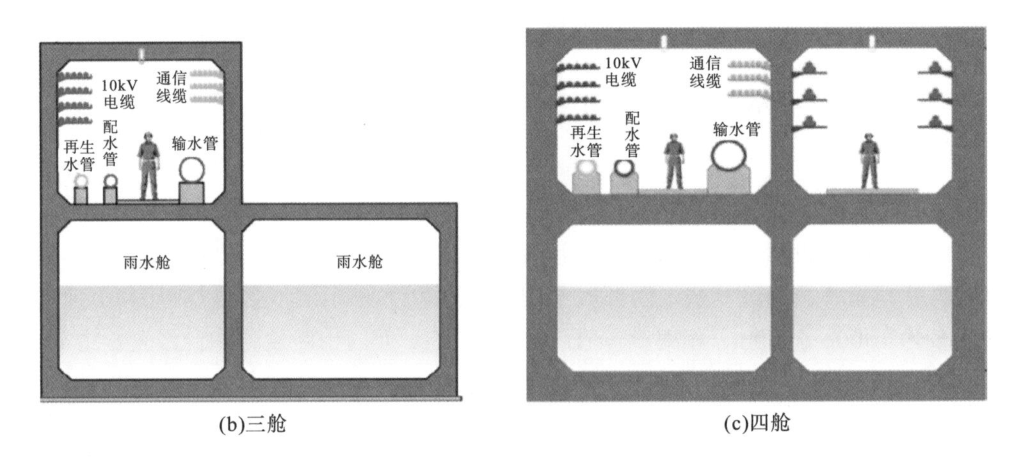

(b)三舱 (c)四舱

图 2-19 天府新区汉州路综合管廊断面结构形式

(2)天府新区雅州路综合管廊。雅州路综合管廊工程位于道路左侧人行道及非机动车车道或绿化带之下，管廊调研区段为矩形双舱形式，分别为 1 舱和 2 舱(与汉州路综合管廊类似)。1 舱的管线有电力、通信、配水管，再生水、预留再生水、预留能源管。综合管廊 1 舱内设置车行检修通道，2 舱设置人行检修通道，综合管廊主体结构材质为现浇钢筋混凝土。

3. 调研对象结构病害情况

(1) 天府新区汉州路综合管廊。该管廊投入运营的时间不长，因此管廊结构的整体情况良好。主要在管廊的底板局部位置及变形缝部位出现了一些局部的渗漏点，排水沟局部有积水，已对部分渗漏点进行堵漏处理，但存在复漏现象。该管廊的典型病害见图 2-20 所示。

(a)变形缝漏水

(b)底板渗漏

图 2-20 天府新区汉州路综合管廊断面结构病害情况

(2) 天府新区雅州路综合管廊。该管廊为新建综合管廊，投入运营时间不长，结构整体情况良好。在衬砌堵头、预留穿墙管等薄弱位置容易发生渗漏水，泥砂涌入，衬砌泛碱。在侧墙衬砌和变截面位置衬砌开裂；综合管廊施工缝位置为综合管廊防水薄弱环节，止水带等防水设施容易出现病害，部分施工缝位置漏水严重，已出现积水。该管廊的典型病害见图 2-21 所示。

(a)堵头处渗漏水引起衬砌泛碱且有泥砂

(b)管线引出口封堵不严引起渗水

(c)堵头处衬砌裂缝引起泥砂渗出

(d)衬砌裂缝渗漏治理

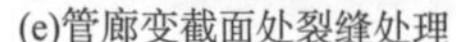
(e)管廊变截面处裂缝处理

(f)管廊底板渗水

图 2-21 天府新区雅州路综合管廊结构病害情况

2.1.10 其他调研工程

为丰富和完善调研数据，补充调研了一批在建的综合管廊工程以及部分已运营的电力隧道。

1. 成都清波电力隧道

清波电力隧道位于成都市青羊区清波社区附近(紧邻清水河)，隧道结构形式为深埋暗挖拱形隧道，宽度为 2.5m，边墙高度约为 3m，两侧布设了两层钢支架，用以架设电缆。隧道纵坡比较大，并设置了集水坑，隧道内部设置有防火分区。经现场调研，该电力隧道自建成投入运营起，在周围环境等因素作用下，陆续出现各种病害。主要病害区域位于其中的 200m 区段，具体病害状况(典型的结构病害情况见图 2-22)表现为：

(1)渗水严重。隧道堵头处、施工缝以及变形缝等结构薄弱位置渗漏水严重，隧道底板、明挖与暗挖交接处、边墙与拱顶局部位置渗漏水。渗漏水引起衬砌泛白碱，局部位置涌水带出泥砂，预埋件以及托架发生锈蚀。

(2)结构开裂，裂缝分布广泛密集，局部区段水压较大，出现密集裂缝，部分裂缝贯穿衬砌，并伴有渗水。

(3)结构局部混凝土质量不良，局部位置出现大面积蜂窝麻面，且有部分位置出现压溃剥落现象。

(a)堵头处衬砌渗水

(b)渗水引起衬砌析出白碱

(c)涌水带出泥砂

(d)明挖与暗挖交接处渗水

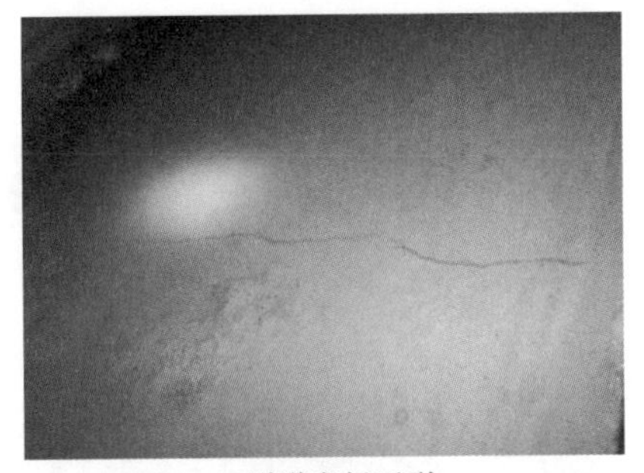

(e)隧道底板开裂

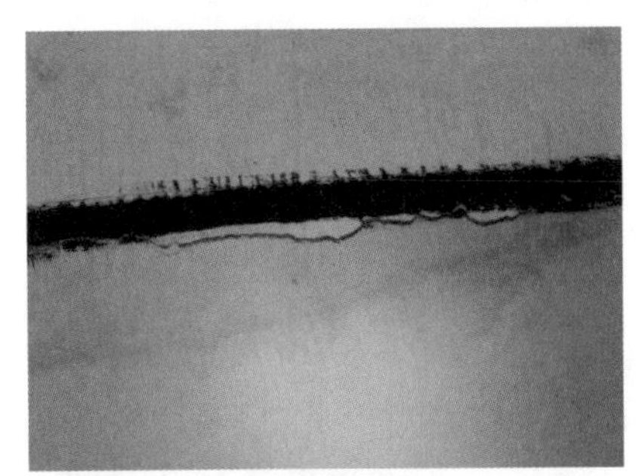

(f)隧道衬砌全环开裂

(g)边墙及拱顶裂缝浸渗

(h)边墙大面积蜂窝麻面

图 2-22 成都清波电力隧道结构病害情况

2. 成都东升变电站电力隧道

东升站电力隧道邻近双流百合桥公园、大型水库，地下水含量丰富。该电力隧道为明挖法矩形断面，宽度 2.5m，边墙高度约为 3m，两侧布设两层钢架，用以架设电缆。隧道内纵坡较大，并设有集水坑，隧道内部布置有防火分区。该隧道自建成后，陆续出现各种不同程度的病害，其中受周围环境影响渗漏水现象尤为突出，由于渗漏水影响，造成其他一系列病害(典型的结构病害情况见图 2-23)，具体表现为：

(1)底板渗水严重，隧道试验段位置处渗水现象普遍。

(2)施工缝和变形缝位置渗水现象严重。

(3)隧道贯穿性孔洞渗水严重，并伴有钢筋、预埋件、托架锈蚀现象。

(4)隧道内积水严重，预埋件，内部装饰遭积水浸泡，出现较大面积剥落。

(a)隧道底板大面积渗水

(b)隧道底板大面积渗水

(c)隧道贯穿性孔洞渗漏水

(d)隧道贯穿性孔洞渗漏水

(e)隧道边墙变形缝位置渗漏水

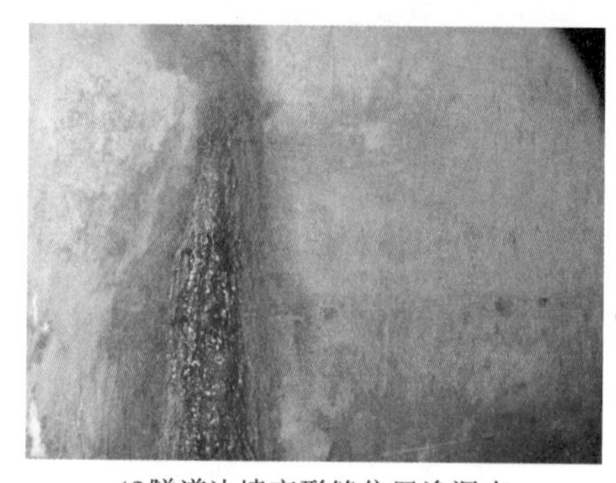

(f)隧道边墙变形缝位置渗漏水

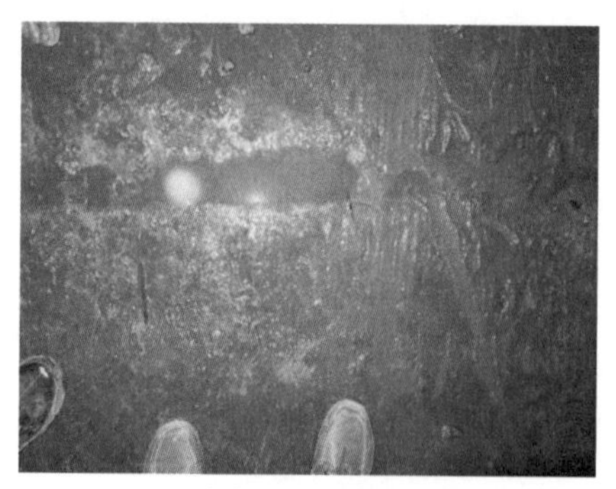

(g)隧道底板变形缝渗水

(h)隧道墙脚处渗漏水

图 2-23 成都东升变电站电力隧道结构病害情况

3. 其他运营电力隧道

除以上两处电力隧道外，还调研了成都市几处运营电力隧道，包括明挖法、矿山法、顶管法等施工方法，最长运营时间距调研时 10 年左右，最短运营时间距调研时约 5 年，总体反映的病害情况与上述 2 处电力隧道结构病害类似。其中一处采用顶管法修建的电力隧道主要为管节接头处脱开、漏水等问题，主要是由于周边地铁施工、运营振动所导致。所搜集的案例的典型病害情况见图 2-24 所示。

(a)隧道变形缝开裂

(b)隧道拱顶开裂

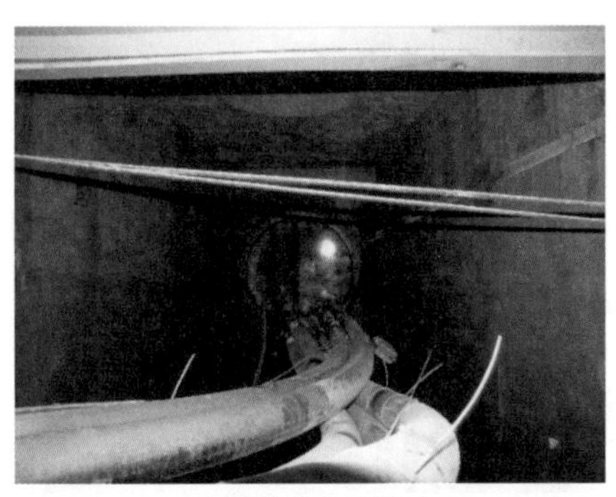

(c)管线引出口渗水

(d)隧道底板渗水

(e)隧道区段接缝处混凝土不密实

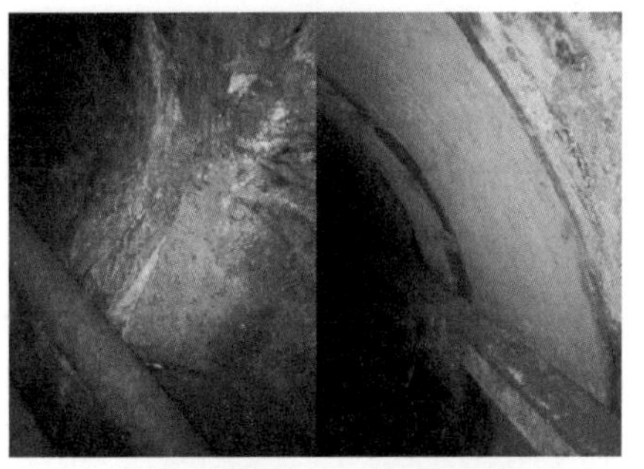

(f)顶管管节脱开、接头开裂

图 2-24 成都电力隧道结构病害实例

4. 其他在建综合管廊和电力隧道

为对管廊结构病害进行溯源分析，也调研了几处在建中的综合管廊、电力隧道(图 2-25)，包括明挖现浇结构法、浅埋暗挖法、明挖预制拼装法，工程所在地包括东北、华北、华中、西南、华南等地区。从所收集的工程资料来看，不少管廊等地下结构的病害与施工质量管控有较为直接的关联，比如防水施作、混凝土质量、施工现场管理等因素，导致工程建设期间或者运营不久就陆续出现各种病害，其中以渗漏水最为常见。

(a)东北某明挖现浇综合管廊

(b)东北某明挖预制拼装综合管廊

(c)华北某明挖现浇电力隧道

(d)华北某浅埋暗挖电力隧道

(e)华中某明挖现浇综合管廊

(f)华中某明挖现浇综合管廊（与地铁车站合建）

(g)西南某明挖现浇综合管廊　　(h)华南某明挖现浇综合管廊

图 2-25　国内在建综合管廊、电力隧道案例

2.2　城市综合管廊结构病害特点与规律

通过以上现场踏勘调研工作，对城市综合管廊及其他管线隧道的病害及健康状况有较为全面的了解。对综合管廊、电力隧道等类别的结构来说，目前主要采用明挖现浇结构为主，也有一定比例采用矿山法修建，顶管法(及盾构法)和明挖预制拼装结构目前所占的比例较小。

2.2.1　城市综合管廊结构常见病害类型

常见的结构病害类型主要包括渗漏水、结构裂损、混凝土腐蚀等几类[57-60]，其中渗漏水(水害)的问题较为严重和突出。

1. 结构渗漏水

无论是明挖法结构还是矿山法结构，“结构缝”的部位(施工缝和变形缝)渗漏问题最普遍。较为常见的原因是该部位的防水措施在施工阶段未进行妥善处理，或者结构变形或沉降较大导致防水失效(实例见图 2-26)。

(a)施工缝渗漏

(b)变形缝渗漏

图 2-26　结构接缝处渗漏

由于混凝土浇筑质量缺陷所形成的渗漏也较为常见，如混凝土不密实(蜂窝麻面)、施工冷缝、温度裂缝等，严重的情况下会造成隧道局部喷水且带出泥砂，对结构的稳定性造成影响(实例见图 2-27)。

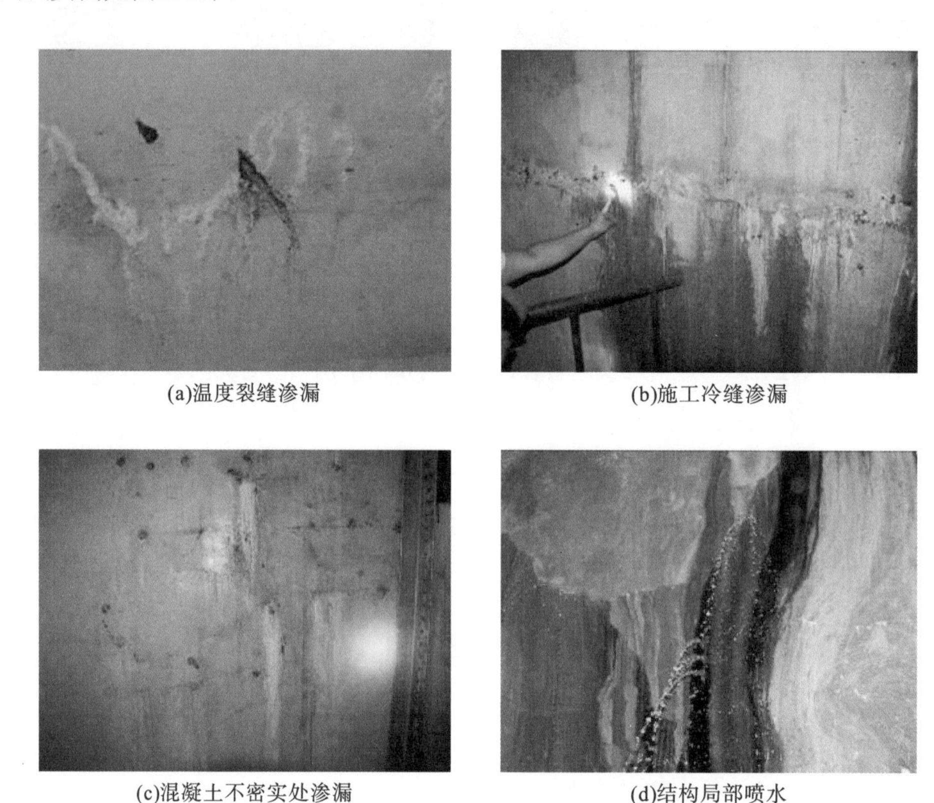
(a)温度裂缝渗漏 (b)施工冷缝渗漏

(c)混凝土不密实处渗漏 (d)结构局部喷水

图 2-27 结构混凝土缺陷处渗漏

结构中的预埋件、穿墙管、设备安装孔等部位也是渗漏的多发区域，往往会造成预埋件及设备锈蚀的情况(实例见图 2-28)。

(a)预埋件处渗漏

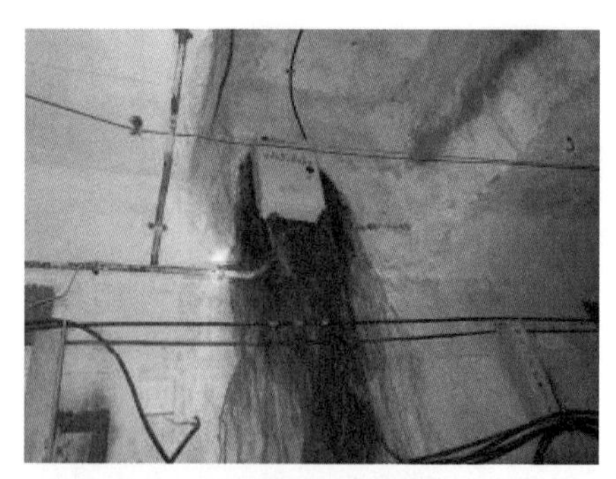
(b)设备安装部位渗漏

图 2-28 预埋件等部位处渗漏

由于以上原因，加上管廊内抽水设备损坏等情况造成管廊内积水较深和设备设施腐蚀，通常对管线的安全性和设备的正常工作造成极大的影响，因此也是管理部门最为关注的问题。此外，在台风等极端天气时期造成的雨水倒灌问题也会加剧管廊内的积水情况。

2. 结构裂损

结构裂损所造成的危害可能有：降低了结构的承载力，减小了结构净空，裂损处往往伴随着渗水。结构裂损的常见表现形式主要为开裂(其中纵向和斜向裂缝的危害最大)，以及结构混凝土局部掉块(实例见图 2-29)。

(a)混凝土纵向裂缝

(b)混凝土斜向裂缝

(c)混凝土环向裂缝

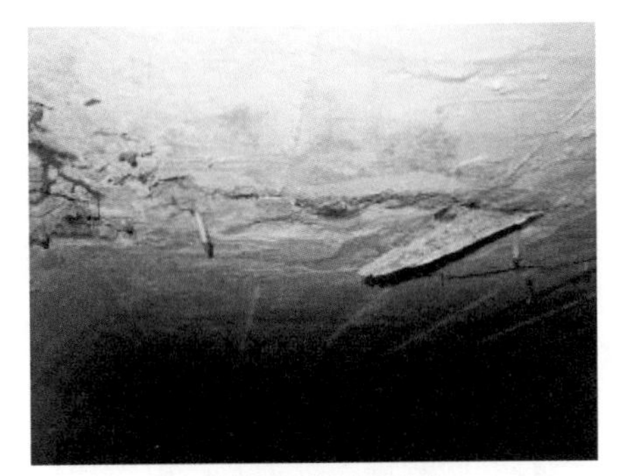
(d)结构局部剥落掉块

图 2-29 结构混凝土裂损

结构裂损的原因可能是结构的设计承载能力不足或施工质量问题所致，也有部分案例是由于基础的不均匀沉降、结构差异较大、邻近地下工程施工、周围地铁运行振动等原因造成结构变形、开裂以及渗水。

3. 结构腐蚀

由于渗水以及腐蚀性地下水的影响，也会造成混凝土及钢筋腐蚀(实例见图 2-30)。结构混凝土腐蚀会降低结构的承载能力及耐久性，更会危及管线支架等综合管廊附属结构和设备的安全。

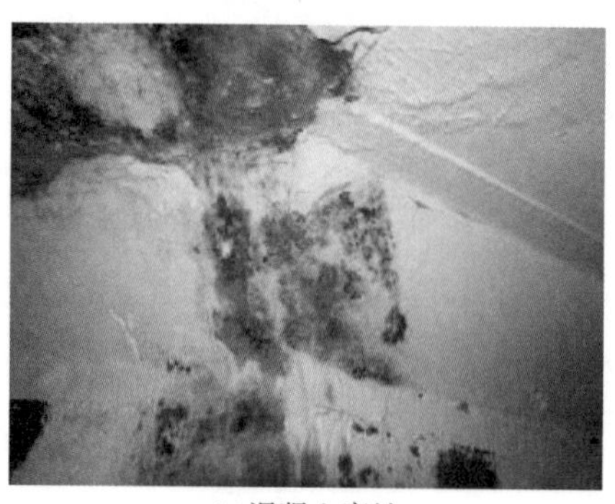
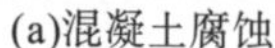
(a)混凝土腐蚀

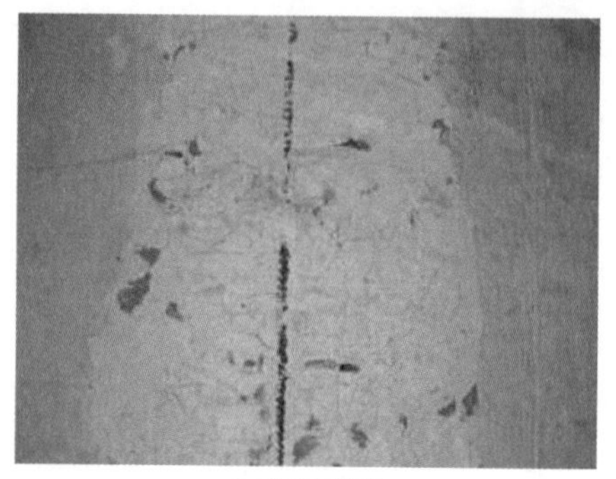
(b)钢筋锈蚀

图 2-30 结构混凝土腐蚀

2.2.2 城市综合管廊结构病害特点总结

通过现场踏勘、调研工作，较为全面地了解了城市综合管廊及其他管线隧道的病害及健康状况，总结出综合管廊结构病害的特点如下：

(1) 城市综合管廊结构在建成投入运营后，常见的病害主要包括渗漏水、结构开裂、材料劣化以及管廊内金属构件生锈腐蚀等。

(2) 城市综合管廊结构施工缝和变形缝、堵头、贯穿性孔洞以及明挖暗挖交接处等薄弱位置最容易发生渗漏水，且渗水位置结构通常会发生不同程度的腐蚀，析出白碱，附近位置的预埋构件以及托架等金属构件腐蚀严重。

(3) 城市综合管廊结构裂缝多出现在软硬地层交接处、明挖与暗挖交接处以及周围水压或土压力较大位置，施工缝和变形缝等位置也出现多处开裂，裂缝宽度较大。结构开裂会形成渗水通道，紧接着地下水便由此渗入，腐蚀结构材料以及钢筋，可能会影响结构安全性。

(4) 由于施工及周围环境影响，管廊结构侧墙部分位置出现厚度未达到设计厚度，振捣不充分导致的混凝土不密实。

(5) 综合管廊侧墙、拱顶及底板，局部位置受地下水 pH 值较小、腐蚀性较强等其他影响，会加快混凝土材料劣化速度，使得结构出现起层剥落、钢筋裸露等现象。

(6) 综合管廊结构侧墙位置，由于回填不密实或周边空隙渗水涌砂，形成空洞或周围土体沉降。

(7) 在综合管廊周围土体或水压影响下，管廊结构竖向、水平位置发生变形，廊内发生收敛变形。施工缝和变形缝等位置会因周围土体影响发生错台或相互挤压，造成这些部位混凝土开裂或被压溃。

(8) 由于维修养护资金不足、维修养护不及时或不当等原因，也会在一定程度上造成管廊结构病害恶化和加速。

2.2.3　城市综合管廊结构病害发育规律

从满足长期运营需要考虑，城市综合管廊结构必须满足安全性能和使用性能：安全性能是结构物应能承受各种考虑到的荷载，保持整体稳定性；使用性能指结构具有良好工作性能，不发生大变形和影响使用的破损；从结构长期功能要求来分析，结构还应满足耐久性的要求。

城市综合管廊结构在实际运营过程中，会因地质、环境、荷载以及管理水平的影响，性能逐步降低(表现出各种病害)。若以使用时间为横轴、结构性能水准为纵轴，可得到图2-31所示的混凝土结构劣化曲线，该劣化曲线与横轴的交点为使用寿命[10]。由该曲线可知，如果城市综合管廊结构不进行及时的维修养护，其寿命往往达不到设计寿命，在环境和荷载条件较差的情况下更为严重，故而应重视城市综合管廊结构的妥善养护。

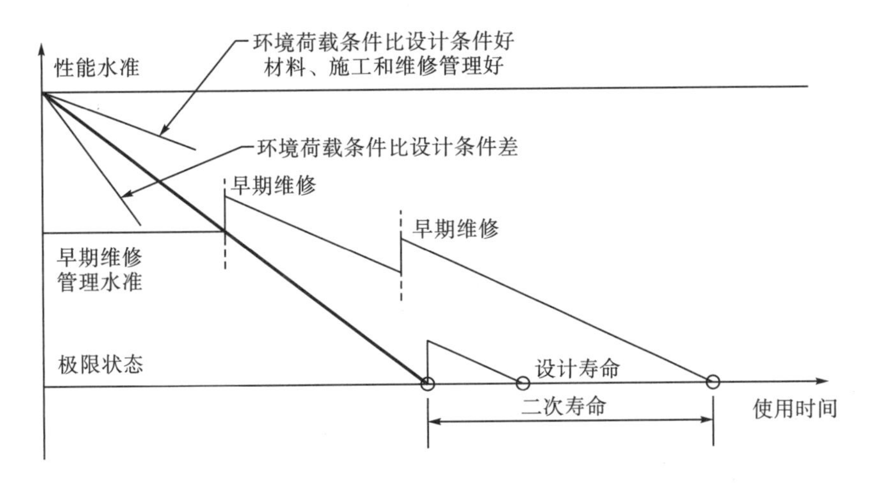

图2-31　混凝土结构劣化曲线

由图2-31所示的曲线及结合调研的案例病害发育情况可知，城市综合管廊结构的各种性能随使用时间的发展而下降是一个必然的趋势。在城市综合管廊结构刚建成的初期，结构的性能通常较为完好，所出现的病害主要是渗漏水问题，但混凝土的耐久性尚没有受到较大影响；但是随着运营时间的推移，管廊结构混凝土的性能必然也会逐步出现衰退，同时长期的渗漏水、运营中出现的不均匀沉降和变形、邻近地下工程的施工和运营、管廊自身的养护水平等，也会造成管廊结构的完好性、混凝土强度、耐久性的下降。

因此，在运营阶段对城市综合管廊结构的养护工作中，需要采用周期性检查与评估、监测、维修加固等综合手段，及早发现、预防和处理结构的各种病害，以保证城市综合管廊结构能有效达到使用年限，产生最大的经济效益。

2.3 城市综合管廊结构病害影响因素分析

2.3.1 结构裂缝

结构裂缝是综合管廊及隧道最常见的病害之一，其中以环向裂缝为主。根据管廊结构病害特点，结构开裂破损的原因如下：

(1)工程地质条件。综合管廊埋深较浅，围岩压力大，结构整体稳定性受围岩影响大，在结构背后存在缺陷时，造成管廊结构受载不均匀，进而自稳能力不足，结构承受较大荷载或受力不均、承载力不足，最终诱发开裂病害。

(2)施工质量条件。首先，保证良好的结构施工质量是确保其承载性能的主要条件之一，综合管廊在施工过程中往往出现施工工艺不达标及管理不到位情况，造成结构不密实、厚度不足、配筋不足、背后空洞等施工质量不达标情况，无法保障足够的强度或受载能力，诱发其开裂。其次，综合管廊结构施作过程中如果脱模过早、振捣不实或水灰比过大等，均会造成结构开裂现象的发生。

(3)周围水环境。结构背后的地下水有时会含有对混凝土有害的成分或呈酸性时，极易诱发材料劣化，降低材料强度，出现起层剥落等现象，强度不足则会造成结构开裂。若局部位置周围水压较大，同时遭受冲蚀作用导致围岩发生变化，会进一步产生或诱发裂缝进一步发展。

2.3.2 渗漏水

渗漏水是运营综合管廊最常见的病害，渗漏水主要形式为施工缝和变形缝、堵头、穿墙构件等薄弱位置滴漏、涌水涌砂等，裂缝浸渗。结合病害形式，产生渗漏水病害的原因如下：

(1)防水措施处理不到位。施工过程中施工缝和变形缝处防水板未做加强层、止水带固定不正确，导致移位或出现卷边，浇注两侧混凝土时，任意碰撞，形成止水带偏斜、搭接不良而造成渗漏；止水带接头处理不合适，导致止水带与混凝土结合欠密实，出现缝隙而导致渗漏；中置式止水带施工时常发现止水带的埋设位置不准确，严重时止水带一侧往往折至缝边，造成防水的作用失效。如图 2-32 所示的综合管廊中预埋件以及各贯穿位置发生渗漏都是由于防水措施处理不当造成的。

(2)结构形式不合理。堵头为临时结构，一般设置在各种预留通道处，更多的设置为砌体结构，由于其整体性相对混凝土较差，渗漏通道较多，所以在地下水作用下，容易出现渗漏水，在地下水的冲蚀作用下，渗水通道会逐渐变大，最终出现涌水涌砂。综合管廊设置预留的支线管廊结构和管线接口，在设计施工过程中，只采用简单的封堵，防水设计不合理，在水压作用下，通过渗水通道进入管廊内部，如图 2-33 所示为堵头位置渗水涌砂病害。

(a)预埋件渗水干印

(b)预埋件渗水干印

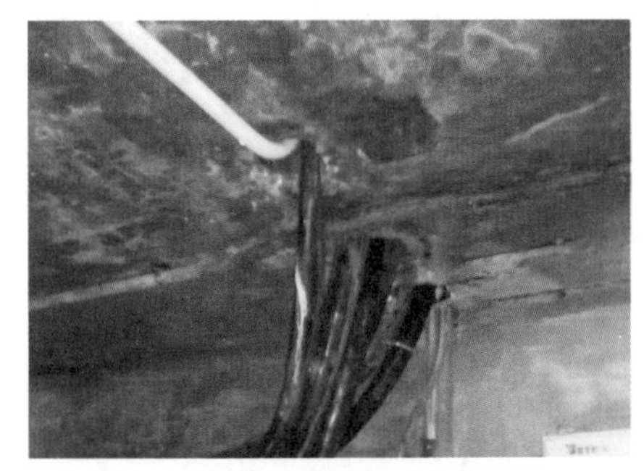
(c)贯穿位置渗水干印

(d)贯穿位置渗水干印

图 2-32 预埋件与贯穿位置渗漏水病害

(a)堵头位置线状漏水

(b)堵头位置渗水干印

图 2-33 综合管廊堵头位置渗漏水

(3)结构裂缝。综合管廊结构受到各种因素影响，在外力作用下容易形成开裂或者破损，一旦存在贯穿性裂缝，就会形成渗漏水通道。施工过程中振捣不充分，结构内部空隙多，结构密实性差，内部存在渗水通道。图 2-34 所示为综合管廊底板开裂以及边墙开裂造成的严重渗漏水。

(a)底板开裂造成的渗漏水

(b)底板开裂造成的渗漏水

(c)边墙开裂造成的渗漏水

(d)结构边墙开裂造成的渗漏水

图 2-34 综合管廊结构开裂造成的渗漏水

2.3.3 结构内部缺陷及材料劣化

(1)施工管理缺陷。综合管廊多为明挖现浇施工，在建设过程中，由于施工管理缺陷，在支模等工序造成厚度小于设计厚度，浇筑后的振捣不充分或骨料级配不合理，造成不密实或空鼓，混凝土配合比不合理或后续养护工作不到位，结构表面强度低，在自然或潮湿环境下出现起层剥落现象。

图 2-35 受地下水影响的剥落

(2)地下水侵蚀。结构背后的地下水径流或管廊内部涌水涌砂部位，不断冲刷侵蚀周围的土体，将土体颗粒带走，在结构背后形成空洞，或地面位置出现沉降。由于地下水中含有侵蚀混凝土的成分或地下水呈酸性时，会通过渗水通道侵入结构，腐蚀混凝土，造成结构起层剥落、混凝土劣化、钢筋保护层剥落、钢筋锈蚀。如图 2-35 所示为受地下水影响破坏的结构，发生剥落。

2.3.4 变形缝、施工缝开裂

在矿山法施工的综合管廊中，明挖与暗挖交界位置断面形状突变、施工工艺不同、结构整体性差，在浇筑过程中极易产生开裂，防水施工也通常达不到设计要求，会形成渗漏通道。变形缝本为管廊结构沉降变形所设置的结构，在长期运营过程中，产生拉应力，最终导致变形缝开裂。图 2-36 为变形缝在运营过程中产生的开裂。

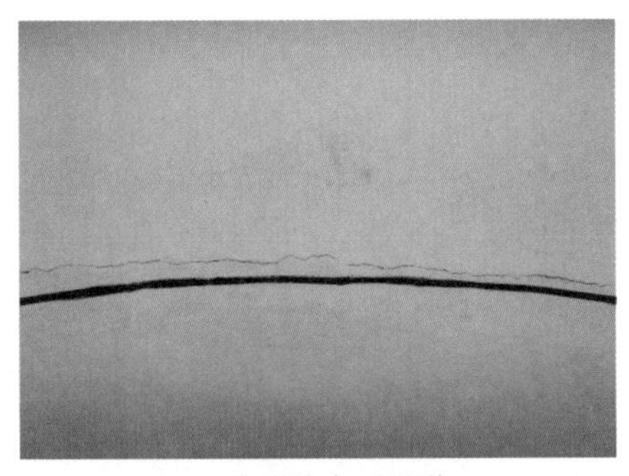
(a)变形缝全环开裂

(b)变形缝全环开裂

图 2-36　变形缝开裂

2.3.5 混凝土碳化速度快，深度深

此问题的综合原因主要包括：

(1) 养护不到位，混凝土表面强度低，密实度不够。

(2) 混凝土中粉煤灰、矿粉等掺合料用量过多，水泥用量过少，产生的 $Ca(OH)_2$ 少，二氧化碳很快渗入混凝土结构，造成碳化。

(3) 施工管理不到位，施工质量差，振捣不充分，混凝土密实度差，空隙多。

(4) 其他如混凝土品质、周围环境等原因。

2.3.6 蜂窝麻面、混凝土不密实

(1) 混凝土搅拌和浇筑过程中，混入过多空气，且在浇筑过程中振捣不充分，导致混凝土中的空气不能排出，积聚过多气泡与水泡，最后凝固时产生蜂窝麻面[61]。

(2) 混凝土级配不佳，粗骨料较多，级配骨料缺少均匀性，含针片状颗粒较多引起混合料密实性不足，同时，混凝土用水量较多，水泥含量偏少，过多的自由水造成蜂窝麻面[61]。

(3) 施工中使用的钢模发生锈蚀扭曲，存在划痕，模板间拼接后调整效果差，缝隙过大，在振捣施工时，浆液从缝隙中露出，形成蜂窝麻面[62]。

(4) 混凝土下料口距离浇筑面距离过大，降落后浆体和骨料分离，形成蜂窝麻面[62]。

2.3.7 钢筋保护层厚度不足

明挖现浇以及矿山法施工的综合管廊中，由于在钢筋架设过程中，钢筋定位不准，钢筋绑扎或焊接不牢固，浇筑混凝土挤压钢筋，造成松动，最终使得钢筋保护层厚度达不到设计要求。

2.4 本 章 小 结

为了解综合管廊的基本结构，影响综合管廊结构健康状况的因素与指标，同时保证健康指标适用更广的范围，本章调研了全国范围内不同结构形式、不同气候、不同地质条件下的城市综合管廊案例，对管廊结构病害的特点、发展规律以及形成原因等进行分析，得出以下结论：

(1)综合管廊结构常见的病害类型有结构裂缝、渗漏水、混凝土空洞及结构厚度不足、材料劣化、结构变形等，其中渗漏水最为常见，这些都是判断综合管廊结构健康状况的重要指标。

(2)综合管廊多以明挖法修建为主，在明挖现浇施工结构的施工缝变形缝等薄弱部位发生渗漏水等病害的概率相对要高很多，而且这些薄弱部位发生病害之后对其他构件的影响较大。

(3)综合管廊结构病害的影响因素众多，主要受到周围土体及地下水情况的影响程度较大，运维养护水平和质量也有一定影响，并且随着使用时间的推移，病害的严重程度也会加剧，造成结构性能较快地下降。

3　城市综合管廊结构健康综合评价指标体系研究

3.1　城市综合管廊结构健康评价指标分析

对综合管廊结构健康状况进行综合评估是一个严谨、科学的过程，其中确定和选择合适评价指标是这一过程的关键，是客观、真实反映综合管廊结构状况的前提条件，所以在选择指标的过程中需要避开指标之间信息重复、相互干扰和指标覆盖不全等错误。因此，需要选择足够具有代表性的指标反映综合管廊的健康状况，在遴选评价指标时，需要遵循一定原则[63-64]。

(1) 科学性原则。各个评价指标概念必须明确所指，内涵明确，能够清晰表征综合管廊中某一结构或某一方面的健康状况。

(2) 完备性原则。评价指标所表征的内容需要覆盖综合管廊各个结构和管廊的各个方面，能够完整地反映综合管廊结构的健康状况，评价结果准确可靠。

(3) 简约性原则。影响综合管廊结构健康的因素众多，可用作评价的指标数量众多；实际评价工作中，指标过多容易造成信息重复，评价体系冗杂烦琐，最终影响评价结果的准确性和可靠性。因此，遴选评价指标需要选取代表性强和关键性指标，用尽量简捷的指标，更全面地表现综合管廊的结构健康状况。

(4) 独立性原则。评价指标需要独立表征综合管廊不同方面的健康状况，指标之间不相互影响。

(5) 可操作性原则。用于评价综合管廊结构健康状况的评价指标数量较多，且影响程度不尽相同，但由于当前检测技术等原因，存在一些指标的具体状况不容易或无法得到，缺乏可操作性。

(6) 层次性原则。综合管廊结构健康状况的评价涉及的指标数量较多，需要将这些指标分解成多个层次来考虑，形成一个包含多个子系统的多层次递阶分析系统，从而全面地对综合管廊结构健康状况进行逐步深入分析研究。

3.2　城市综合管廊结构健康评价指标遴选

综合管廊结构的健康状况反映综合管廊结构的病害状况以及破损程度，对综合管廊结构健康状况的综合评价就是综合管廊结构不同部位结构的各种损伤或破损状态的评价过程[64]。综合管廊的破损状况可以通过不同结构部位的病害形式以及病害发展程度来反映，这些信息可以通过现场调查以及检测设备检测得到，因此，以综合管廊结构分类或破损形式为综合管廊健康状况的评价指标。

通过查阅各类综合管廊规范及参考其他地下结构相关规范、调研全国范围不同类型综合管廊实例，可以知道：

(1)综合管廊和隧道结构病害的检查或检测工作通常分为常规定期检测和结构定期检测两类。常规定期检测所采用的方式多以目视或简单工具量测为主，检测的内容也相对简单，检测周期较短(1年左右)，结构定期检测的方式除目视和采用简单工具外，通常还会用到相对专业的检测工具，进一步了解结构性能，检测内容会有所增加，检测周期较长(3～6年)，两种检测工作采用的方式、内容和周期存在一定差异。

(2)在完成综合管廊的检查和检测工作之后，都应进行相应的评估。综合管廊的常规定期检测工作以保障管廊内部管线运行安全为目的，其内容和方式都相对简单，多以了解结构的表观病害和功能状况为主，判断综合管廊本体的完好状况。综合管廊的结构定期检测工作以掌握结构服役状况和保障管线运行安全为目的，其检测内容是在常规检测的基础上增加结构材料性能的检查，方式也更为复杂，更进一步了解结构的材料性能，判断本体结构状况。所以需要针对判断管廊结构本体的完好状况和结构状况的需求分别选择合适的评价指标并建立评价指标体系。

(3)综合管廊根据施工方式进行分类，可分为明挖法综合管廊、盾构法综合管廊、矿山法综合管廊三类，以上三类结构形式在运营过程中，发生的破损形式大同小异，但不能一概而论，需要结合各自结构特点遴选合适的评价指标。

(4)综合管廊结构根据其结构形式，可分为主体结构和附属结构，管理单位在运营维护管理工作中有主次之分，所以在选择评价指标和构建评价体系时，既要考虑全面，也要分主次。

以调研得到的认识为基础和指导准则，针对不同评价层次、不同综合管廊结构形式同时区分不同结构部位考虑结构主次，选择合适的评价指标，并以此构建相应且完整的评价体系。

3.2.1 明挖法综合管廊结构健康状况评价指标

1. 明挖法综合管廊本体完好状况评价指标

依据指标遴选原则，需要体现指标之间的层次关系，应将明挖法综合管廊分成多个层次，再确定不同层次内的指标。依据明挖法综合管廊结构主次区别，管廊结构分为主体结构和附属结构两部分；再根据结构特点，参考《城市轨道交通隧道结构养护技术标准》(CJJ/T 289—2018)中有关明挖法轨道交通隧道的划分方式，综合管廊的主体结构可以细分为廊体以及施工缝和变形缝两部分。最后确定影响廊体、施工缝和变形缝，附属结构的指标。

根据调研可知，廊体最常见的病害类型有：蜂窝麻面和空洞、结构剥落剥离、材料劣化、钢筋锈蚀、渗漏水、裂缝、结构变形等；明挖法综合管廊施工缝和变形缝的主要病害表现为压溃和错台、渗漏水。根据《城市地下综合管廊运行维护及安全技术标准》(GB 51354—2019)，附属结构由人员出入口、吊装口、逃生口、通风口、管线分支口、支吊架、防排水设施、检修通道及风道等构筑物组成，主要病害主要表现为功能受损或功能丧失；附属结构作为综合管廊结构的一部分，在发生病害时，首先影响管廊的运营安全，其次则是附属结构遭到破坏后，会影响管廊内部的运营环境，进而影响管廊结构。

1)廊体状况评价指标

(1)蜂窝、麻面、空洞、孔洞。综合管廊在结构浇筑过程中，由于振捣不充分，骨料级配不佳、针片状粗骨料过多，混凝土含水量过大，模板间隙过大等原因造成结构产生蜂窝、麻面、空洞、孔洞等病害。当发生这类病害时，混凝土失去表层混凝土的保护作用，内部的混凝土会直接接触空气中的水分和二氧化碳，造成混凝土碳化、腐蚀，造成结构开裂，起层剥落等病害，同时由于混凝土腐蚀劣化造成的空隙，水分会沿着空洞和空隙接触到钢筋，造成钢筋锈蚀，影响结构长期的承载能力。在检测工作中，可以通过目测拍照等方式简单且迅速记录病害程度，操作性好，可作为评价指标之一。

(2)压溃、剥离剥落。结构压溃、剥离剥落主要为结构混凝土表面砂浆流失，暴露内部的粗骨料现象，这类病害一般发生在混凝土品质差同时还受地下水等其他因素影响的部位。其中压溃是指结构缺棱掉角、砂浆流失；剥离剥落是指结构表面混凝土出现较大面积的脱落、流失。混凝土压溃、剥离剥落现象可以通过敲击，对有可能发生病害的部位进行检测，根据音色的变化判断压溃、剥离剥落范围，确定压溃直径。结构压溃、剥离剥落直接影响管廊结构的承载能力，在已发生病害位置，失去表层砂浆的保护，内部混凝土以及钢筋会受到侵蚀，影响结构耐久性，以及结构的承载能力。可以作为评价指标之一。

(3)材料劣化。综合管廊在前期建设过程和后续运营过程中，混凝土结构不可避免地会产生裂缝，由于地下水的存在，混凝土裂缝的存在不仅会导致渗漏，还会给外界侵蚀介质进入结构内部开辟通道，造成硫酸盐侵蚀破坏、氯盐侵蚀。硫酸盐进入混凝土内部会与碳酸盐和水化硅酸钙反应，形成碳硫硅钙石。形成的碳硫硅钙石呈松软酥散状，无胶凝能力，会较大地影响混凝土强度。此外综合管廊中的各类电缆会泄露出部分杂散电流，会对工程主体结构中的钢筋混凝土产生严重的电化学腐蚀，促进钢筋锈蚀，体积膨胀，挤压周围混凝土，造成贯穿裂缝，严重降低混凝土的力学性能。正是综合管廊混凝土结构在地下的复杂环境中，会受到多种因素的综合作用，材料性能会发生明显劣化，承载能力会减弱，严重的会丧失[65]。材料劣化时的外部表现为起毛酥松、起鼓，严重的将发生掉块，材料劣化造成的承载结构丧失，这将直接影响结构的承载能力。在对结构进行完好性检测时，可以通过目视拍照等方式快速判断病害状况，这不仅可以反映结构材料状况，还能满足常规定期检测的要求，可以作为评价指标之一。

(4)渗漏水。渗漏水病害是地下构筑物中最常见的病害之一，主要原因有三：一是地质原因，综合管廊在运营期间，结构所处地应力、地下水压力，构造活动情况及环境温度变化等原因是造成结构破损的根本原因之一。围岩应力的动态变化过程，极易造成结构开裂，裂缝为地下水进入构造提供通道，在温度作用下，地下水发生干湿交替和冻融循环，加剧了结构破损，最终导致渗漏水发生。二为设计原因，在设计综合管廊混凝土厚度和强度，以及一些特殊部位时，未充分考虑极端地质条件对结构的技术要求，在周围环境变化之下，结构发生劣损，最终造成渗漏。三是施工原因，由于是施工单位管理不到位，混凝土配合不合理、振捣、拆模等工作不规范，在结构内部形成渗透路径，在地下水水压之下，最终造成渗漏[66]。结构在渗漏初期，渗透路径较窄，渗入的水分较少，只能造成结构表面的湿渍；渗漏水在后续的发展过程中，不断侵蚀结构，渗透路径扩大，渗漏水的水量也随之增大；水量增大也会将结构背后的泥砂带走，形成涌水涌砂。当地下水 pH 值偏小时，地下水对混凝土具有腐蚀性，会导致渗透通道的扩大，在考虑渗漏水对管廊结构的完好性评价时，需要考虑地下水 pH 值的影响。渗漏水检测时，通过观察漏水是否透明、是否浑浊来判断渗漏水的严重程度，同时采用 pH 试纸检测漏水的 pH 值，在判断渗漏水严重程度时进行修正调整。

(5)钢筋锈蚀。综合管廊建成和投入运营之后，多少都会存在部分质量问题和病害，如结构裂缝、材料劣化、渗漏水等病害。结构开裂之后，内部的钢筋失去混凝土保护层的保护之后，会直接接触空气以及空气中的水分，在此条件下，钢筋就发生锈蚀；在结构混凝土发生材料劣化，表层起保护作用的混凝土保护层变薄或者直接脱落，钢筋则直接暴露在空气中，在水和氧气的作用下发生锈蚀；结构在发生渗漏水病害之后，形成的贯穿性裂缝，使得钢筋接触到地下水，而在温度作用下，地下水会发生干湿循环，使得钢筋有机会接触到空气，最终发生锈蚀。钢筋在锈蚀过程中，表面会析出 $Fe(OH)_2$，在失水之后，形成铁锈，体积膨胀至原来的 2～4 倍，混凝土与钢材发生挤压，胀破混凝土保护层，使混凝土开裂、剥落，钢材与混凝土之间黏结力被破坏，钢筋截面减小，进而结构构件承载能力下降；随着时间推移，锈蚀会逐步恶化，最终结构完全破坏失效。钢筋的锈蚀状况严重影响管廊结构的完好性，在检测时，通过目视保护层表面的锈斑和敲击保护层的空鼓状况，可以判断结构中的钢筋锈蚀状况。

(6)裂缝。地下结构裂缝是最常见的病害类型，该病害主要由于围岩压力以及地下水压力作用、温度和收缩应力作用、围岩膨胀性或冻胀性压力作用、腐蚀介质作用、施工管理过程中的不规范等作用影响下，使得结构产生裂缝。裂缝是指混凝土结构表面可见的裂缝，一般取 0.05mm 为可见宏观裂缝的起始宽度，小于或等于 0.05mm 的裂缝为微观裂缝，它对管廊结构的正常使用、承载能力无太大影响，结构裂缝的密度和成因对综合管廊结构的完好性影响复杂，按裂缝的成因，将裂缝可分为受外力作用的荷载裂缝(表现为纵向裂缝和斜向裂缝)；由温度效应、混凝土早期收缩、基础不均匀沉降等因素而导致的裂缝，表现为环向裂缝，环向裂缝是最为常见的裂缝[67]，一般不影响综合管廊的结构承载力，在发生开裂后，变形得以释放，结构的内应力也就消失，对于管廊结构来说，结构仍然是安全的。纵向裂缝和斜向裂缝，则是荷载裂缝，预示着结构承载能力可能不足或存在其他严重问题，严重影响综合管廊结构的完好性。评价结构裂缝对管廊结构完好性的影响时，即在检测过程中，以目视为主、辅以尺量，判断裂缝是环向还是纵向或者斜向、判断裂缝的密度、是否存在压溃掉块的可能，可以此作为评判指标。

(7)结构变形。结构变形是一种破坏形式，反映管廊结构形状的变化趋势，是一种宏观的病害指标。结构变形主要体现在变形速率。变形速率的大小反映着结构是否处于稳定状况。在常规检测中可以通过激光扫描仪，快速判断结构变形速率，从而判断结构的稳定状况。

2) 施工缝和变形缝状况评价指标

(1) 压溃、错台。在现浇结构中，结构长度较长，混凝土浇筑的过程中，无法一次性完成整体浇筑，只能采用分段式浇筑，新浇筑的混凝土与已成型的混凝土结构之间会形成施工缝。变形缝为伸缩缝、沉降缝和防震缝三者的总称，变形缝可以满足结构因温度和湿度发生的胀缩变形，基础强度不同时结构发生不同程度沉降、结构之间的错动变形、在地震作用下地下结构的错动变形。地下结构中，施工缝和变形缝通常一并设置，为地下结构的薄弱位置，运营过程中，在胀缩、不均匀沉降等因素作用下，管廊结构会发生错动，造成接缝位置压溃、错台等病害。施工缝和变形缝位置通常为防水结构的薄弱位置，经常发生渗漏水，施工缝和变形缝在压溃错台之后，表面混凝土剥离，渗漏水则会侵蚀钢筋及内部混凝土。在常规检测过程中可以通过目视等较便利的方式快速判断病害状况，可以作为评价指标之一。

(2) 渗漏水。施工缝和变形缝是地下结构中防水薄弱位置，通常由于施工不规范等原因下，造成防水结构失效，在地下水压作用下，进入管廊结构内部。地下水通过施工缝和变形缝的薄弱位置，进入综合管廊内部，影响内部湿度，造成结构内部金属构件锈蚀等，所以在结构完好性评价时，对施工缝、变形缝的状况评价需要检测渗漏水状况。

3) 附属结构状况评价指标

(1) 人员出入口、吊装口、逃生口、通风口、管线分支口。综合管廊中，各类口部附属结构，包括连接廊内与外部结构，方便检测人员以及管理人员进出的人员出入口；方便廊内市政管线材料以及其他设施设备进入管廊内部的吊装口；廊内检测工作人员遇险时及时逃生用的逃生口；为廊内空气与外部空气连接的通风口以及廊内管线分接到其他部位的管线分支口。这类口部附属结构的正常启闭能影响管廊的正常使用，在评价管廊结构完好性状况时，需要综合考虑各类口部使用功能是否正常。

(2) 井盖、盖板。综合管廊中的井盖和盖板是用于保护管理人员不掉进各类坑道内，同时也为了保护坑道内设有的一些阀门、开关或者管道。井盖和盖板的完好状况影响着管廊的正常运营，在评价管廊结构完好性状况时，需要综合考虑井盖、盖板使用功能是否正常。

(3) 支墩、支吊架。支墩、支吊架是用于支撑管廊内各类管线的结构，通常为金属结构或者混凝土结构，在地下水分充足的条件下，金属构件会发生锈蚀，混凝土构件会发生变形等，影响结构的支承性能。在评价管廊结构完好性状况时，及时检查支墩、支吊架是否发生形变、松动、脱落等情况，支承性能是否正常等。

(4) 预埋件、锚固螺栓。预埋件、锚固螺栓为管廊建设时期预埋设的金属构件，用于后续运营过程中的使用需求。金属构件在廊体内受空气和水分影响，容易发生锈蚀破坏而丧失支承能力，影响管线以及其他功能设施的正常使用。在评价管廊结构完好性状况时，检测预埋件、锚固螺栓是否发生锈蚀、松动，支承性能是否良好等情况。

(5)排水结构。综合管廊内部的排水沟和集水坑是用于排除管廊内部由于各类原因产生的积水，由于管廊内积水通常含有泥砂等，会造成排水结构淤堵，影响排水通畅。积水无法排出，则会影响廊内金属构件和其他电气设施的正常运营。在评价管廊结构完好性状况时，应检查排水结构的淤堵情况和破损情况，保证排水结构的通畅性。

2. 明挖法综合管廊本体结构状况评价指标

综合管廊本体完好性检测的工作方式，主要是对综合管廊主体结构和附属结构的简单目视检查或采用简单工具检测。该检测方式可以快速地判断出综合管廊的完好状况，能较好满足综合管廊的运营需求，保证廊内管线的运营要求。上述检测得到的结果只能反映管廊本体结构的一个层次，在判断综合管廊的耐久性、结构的健康状况时，则需要更进一步的检测，同时掌握综合管廊本体完好状况和本体结构的材料性能。因此，构建综合管廊结构健康评价指标体系，需将管廊主体结构细分为廊体、施工缝和变形缝、材料性能三部分。本书前面章节已确定综合管廊主体结构中廊体和变形缝、施工缝的指标，接下来还需确定影响材料性能的评价指标。《城市轨道交通隧道结构养护技术标准》(CJJ/T 289—2018)中相关条文指出，表征本体结构材料性能的指标有混凝土实际强度、混凝土碳化深度、钢筋保护层厚度、钢筋锈蚀状况、结构厚度、混凝土密实度等。

(1)混凝土实际强度。地下混凝土结构在复杂的围岩环境下工作，混凝土受到地下水的侵蚀作用，会发生起层剥离的病害，材料劣化、骨料流失，导致混凝土结构承载能力减弱，达不到设计要求的强度。通过回弹法或者超声回弹法综合，也可采用钻芯取样进行强度检测，掌握结构的实际强度状况。通过检测结构的实际强度状况，了解材料承载能力性能。

(2)混凝土碳化深度。混凝土碳化的实质就是空气中的CO_2通过扩散等作用进入混凝土内部，吸附并溶解于混凝土内部孔隙表面的水中，形成碳酸，再与水泥水化产物中的碱性物质发生中和反应[68]，由于结构混凝土表面碳化后生成的碳酸盐硬度较高，使结构混凝土表面硬度增高，回弹值增大，对结构混凝土强度影响不大，但会显著地影响回弹法测强结果，使得采用回弹法测定结构混凝土强度时，需要利用碳化检测结果进行修正。同时，混凝土碳化会降低混凝土材料的碱度，继而破坏钢材表面的钝化膜，使混凝土失去对钢材的保护作用，发生钢材锈蚀，影响地下结构的承载能力和耐久性。混凝土碳化深度常通过酚酞酒精溶液进行检测判断，更为准确地判断混凝土的碳化程度、材料劣化程度。

(3)钢筋保护层厚度。钢筋保护层厚度为钢筋最外缘到混凝土构件外表面的厚度，《混凝土结构设计规范》(GB 50010—2010)中要求地下结构的保护层厚度不小于50mm。综合管廊施工过程中，受人为因素影响较大，容易出现钢筋保护层厚度不足的情况，内部设置的钢筋容易锈蚀。在检测管廊结构材料性能时，通常采用电磁感应等非破损方法进行检测判断，钢筋保护层厚度足够是保证钢筋不被锈蚀的首要前提，确保钢筋保护层具有足够厚度，可以保证结构具有足够的承载能力。

(4)钢筋锈蚀状况。综合管廊进行本体完好状况检测时，对钢筋锈蚀的外部表现进行了快速的检测，并未深入了解钢筋锈蚀的具体情况，无法表示材料性能状况。采用半电池点位法加局部破损的方法可以更精确地判断钢筋锈蚀状况，准确判断结构内钢筋的工作状况，保证承载能力。

(5)结构厚度。结构厚度不足也是一种常见的地下结构病害。管廊建设过程中，部分施工单位偷工减料或未按照设计方法进行施工，建成结构厚度未达到设计要求厚度，导致结构承载力无法达到设计值，直接危害到结构的安全性。结构厚度通常采用地质雷达、冲击反射等非破损方法进行测量，判断结构厚度状况，结构厚度状况影响管廊结构的承载能力。

(6)混凝土密实度。混凝土施工时，配合比中水灰比偏大、混合料坍落度大、混凝土振捣不密实、混凝土中粗骨料在自重作用下自发下沉，混凝土收缩徐变造成不密实现象；混凝土在泵送过程中，未计算好时间，浇筑时出现初凝、离析现象。结构存在不密实的面积过大，一是不利于结构受力，容易开裂，剥落剥离；二是不密实的位置容易形成渗漏水通道，造成渗漏水、材料劣化等病害。在结构检测时，通常采用地质雷达进行探测，判断结构混凝土密实度。

3.2.2 盾构法综合管廊结构健康状况评价指标

1. 盾构法综合管廊本体完好状况评价指标

盾构法综合管廊结构健康状况评价指标的确定方法与明挖法相同，也需要分成多个层次，然后确定不同层次内的指标。依据盾构法综合管廊结构的主次区别，管廊结构分为主体结构和附属结构两部分。再根据其结构特点，同时也参考《城市轨道交通隧道结构养护技术标准》(CJJ/T 289—2018)中有关盾构法轨道交通隧道的划分方式，综合管廊的主体结构可以细分为管片、管片接缝和变形缝、管片锚固螺栓三部分。

结合有关盾构隧道的文献调查可知，盾构结构中管片的常见病害主要有：蜂窝麻面空洞、结构剥落剥离、材料劣损、渗漏水、钢筋锈蚀、裂缝和收敛变形；盾构结构管片锚固螺栓的主要病害为螺栓损坏、松动、丢失；盾构结构管片接缝和变形缝的主要病害表现为错台、渗漏水。盾构法综合管廊的附属结构与明挖法一样，主要病害主要表现为功能受损或功能丧失；附属结构作为综合管廊结构的一部分，在发生病害时对管廊结构完好状况产生影响。

1)管片状况评价指标

盾构法施工综合管廊管片结构的病害与明挖法的病害有相同之处，在评价指标的选择上也存在相同之处，包括：管片蜂窝、麻面、空洞、孔洞，管片破损、压溃、剥离剥落，管片材料劣化，渗漏水，管片内钢筋锈蚀，管片开裂。除此之外，盾构法综合管廊还要关注盾构结构收敛变形。

盾构结构在完成建设后为一个圆形，在运营过程中，受地表的超载、地质条件软弱、地表沉降、周围基坑开挖等影响，盾构结构发生收敛变形。收敛变形结果是隧道水平直径增长，竖向高差减小，从而导致隧道出现横鸭蛋形状，其顶部裂缝不断增大，导致侧向弹性密封垫失效，勾缝脱落，引起渗漏水、加速钢筋锈蚀等病害，盾构结构的承载能力会降低，所以完好性评价时需要通过测量管片的收敛变形状况，判断该段管廊结构的受力状况及结构稳定状况。

2）管片锚固螺栓状况评价指标

盾构结构各环之间是通过锚固螺栓连接，形成一个受力整体，保证廊内管线正常运行。一般情况下，连接螺栓长期承受较大的剪切荷载及拉应力作用，易产生扭曲变形甚至断裂，且往往遭受较为严重的应力腐蚀作用，其老化程度和使用寿命将直接影响整个结构的安全和服役性能。连接螺栓一般没有特殊防腐蚀措施，容易产生锈蚀，螺栓孔往往会成为渗漏的通道。因此，应充分考虑连接螺栓的耐久性退化后的问题及其结构力学行为。因此，对管廊结构的完好性进行评价时，需要将其作为评价指标。

3）管片接缝和变形缝状况评价指标

（1）错台。盾构结构是由多个管片组成，管片之间有螺栓连接，并非一个整体。管片错台是指管片环之间产生高低错开或一环内管片之间的错开现象，管片错台不仅影响净空，同时引起管片结构开裂破坏，也给结构的防水带来隐患[69]。管片发生错台的因素有很多，如管片制造尺寸有误、拼装不当、注浆不均及盾构姿态控制不当，管廊在运营过程中不均匀沉降、地面超载等。管片的错台量可以体现管片完好状况，所以在评价管片完好状况时需对管片的错台量进行检测。

（2）渗漏水。盾构法施工结构中，管片与管片通过螺栓连接，并非一个整体，管片之间存在大量接缝。设计和建设阶段，虽然管片接缝设有多道防水结构，但是由于管片拼装、注浆或材料老化之后，管片发生错台等病害，管片之间的防水结构失效。地下水则由此渗漏进管廊内部，造成金属件锈蚀等，所以在评价盾构法综合管廊结构状况时，需要关注管片接缝和变形缝的渗漏水状况。

4）盾构法综合管廊附属结构状况评价指标

盾构法综合管廊与明挖法综合管廊的附属结构相同，功能要求一致，首要保证功能正常，不管是运营安全评价还是结构安全评价都是相同的，评价标准也相同。

2. 盾构法综合管廊本体结构状况评价指标

与明挖法综合管廊相同，为更全面地评判综合管廊结构状况，除了综合管廊本体完好状况检测之外，还需要进一步地检测以了解综合管廊结构的材料性能，判断结构的耐久性能、结构的健康状况。因此，构建盾构法综合管廊本体结构状况评价指标体系时，将盾构法综合管廊的主体结构分为管片、管片接缝和变形缝、管片锚固螺栓、材料性能四部分。本书前面章节已确定主体结构中管片、管片接缝和变形缝、管片锚固螺栓的指标，接下来则需要确定影响材料性能的评价指标。《城市轨道交通隧道结构养护技术标准》（CJJ/T 289—2018）中相关条文指出，表征盾构法综合管廊中管片材料性能的指标有混凝土实际强度、混凝土碳化深度、钢筋保护层厚度、钢筋锈蚀状况、结构厚度、混凝土密实度，管片背后空洞。其中，管片背后空洞即当结构背后有空洞时，结构的受力和围岩的应力状态会发生改变，结构上边缘容易发生开裂空洞，同时也是水的通道。如果有渗漏水发生，则渗漏水会沿着空洞和裂缝进入结构，引起渗漏、冻害、钢筋锈蚀等病害。另一方面，围岩会失去应有的支护而松弛、变形，导致失稳、脱落，严重时会发生突发性崩塌。

3.2.3 矿山法综合管廊结构健康状况评价指标

1. 矿山法综合管廊本体完好状况评价指标

矿山法综合管廊结构健康状况评价指标的确定方法与前面章节中所提及的两种综合管廊相同，也需要分成多个层次，再行确定不同层次内的指标。依据矿山法综合管廊结构的主次区别，管廊结构分为主体结构及附属结构两部分。再根据其结构特点，同时也参考《城市轨道交通隧道结构养护技术标准》(CJJ/T 289—2018) 中有关矿山法轨道交通隧道的划分方式，除去综合管廊中不包含的洞门和洞口结构，综合管廊的主体结构可以细分为廊体、施工缝和变形缝两部分。最后确定影响廊体、施工缝和变形缝及附属结构的指标。指标层次与指标内容与明挖法相同，所以遴选的指标采用明挖法综合管廊所选择的指标。

2. 矿山法综合管廊本体结构状况评价指标

与明挖法综合管廊相同，为更全面地评判综合管廊结构状况，除了综合管廊本体完好状况检测之外，还需要进一步的检测以了解综合管廊结构的材料性能，判断结构的耐久性能、结构的健康状况。因此，构建综合管廊结构健康评价指标体系，需将管廊主体结构细分为廊体、施工缝和变形缝、材料性能三部分。本书前面章节已确定综合管廊主体结构中廊体结构和变形缝、施工缝的指标，接下来还需确定影响材料性能的评价指标。《城市轨道交通隧道结构养护技术标准》(CJJ/T 289—2018) 中相关条文指出，表征本体结构材料性能的指标有混凝土实际强度、混凝土碳化深度、钢筋保护层厚度、钢筋锈蚀状况、结构厚度、混凝土结构密实度。

3.3 城市综合管廊结构健康评价指标体系构建

上一节中根据不同需求层次，不同结构类型以及不同主次结构，选择了相对应的评价指标。各评价指标在遴选过程中，具有相应的层次与从属关系，现依据指标间从属关系，建立一个完整的评价指标体系，综合评判综合管廊结构的健康状况。

3.3.1 明挖法综合管廊本体状况评价指标体系

1. 明挖法综合管廊本体完好状况评价指标体系

依据 3.2.1 节中选取的相应指标，考虑指标间关系，建立明挖法综合管廊本体完好状况评价指标体系如图 3-1 所示。

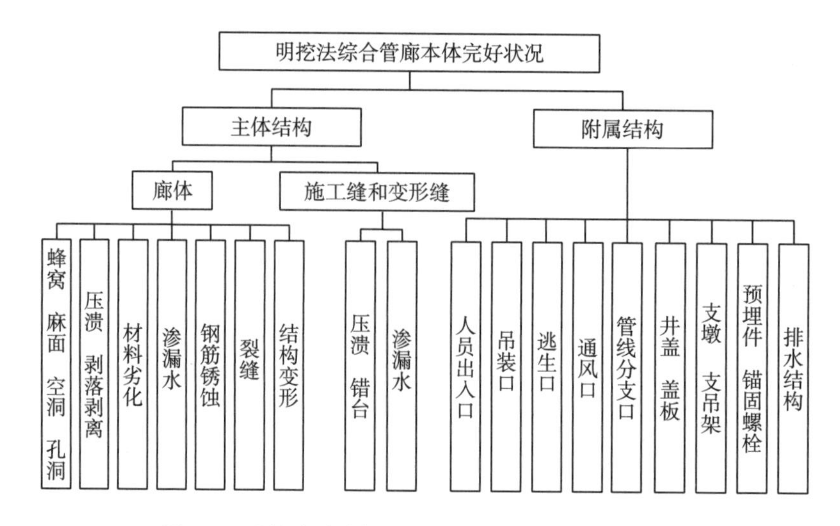

图 3-1 明挖法综合管廊本体完好状况评价指标体系

2. 明挖法综合管廊本体结构状况评价指标体系

依据 3.2.1 节中选取的相应指标，考虑指标间关系，建立明挖法综合管廊本体结构状况评价指标体系如图 3-2 所示。

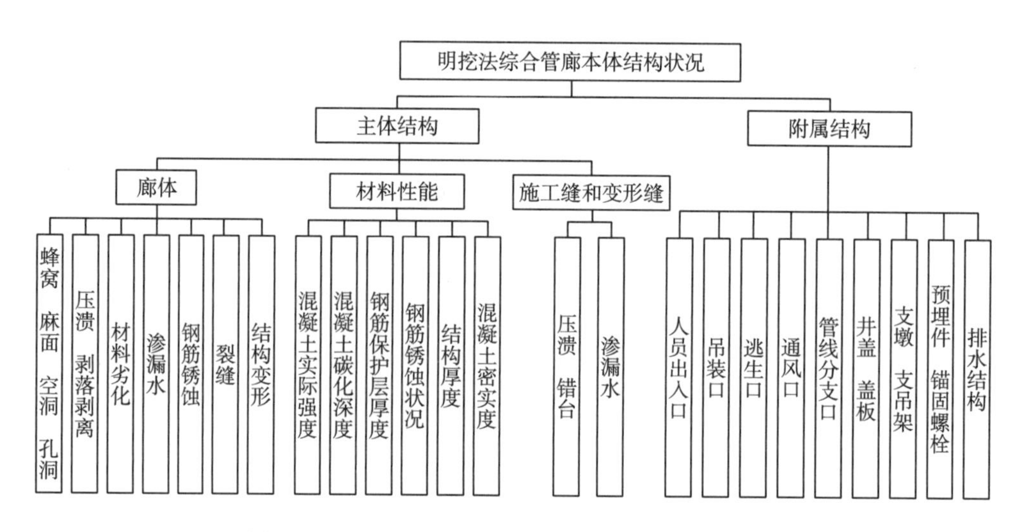

图 3-2 明挖法综合管廊本体结构状况评价指标体系

3.3.2 盾构法综合管廊本体状况评价指标体系

1. 盾构法综合管廊本体完好状况评价指标体系

依据 3.2.2 节中选取的相应指标，考虑指标间关系，建立盾构法综合管廊本体完好状况评价指标体系如图 3-3 所示。

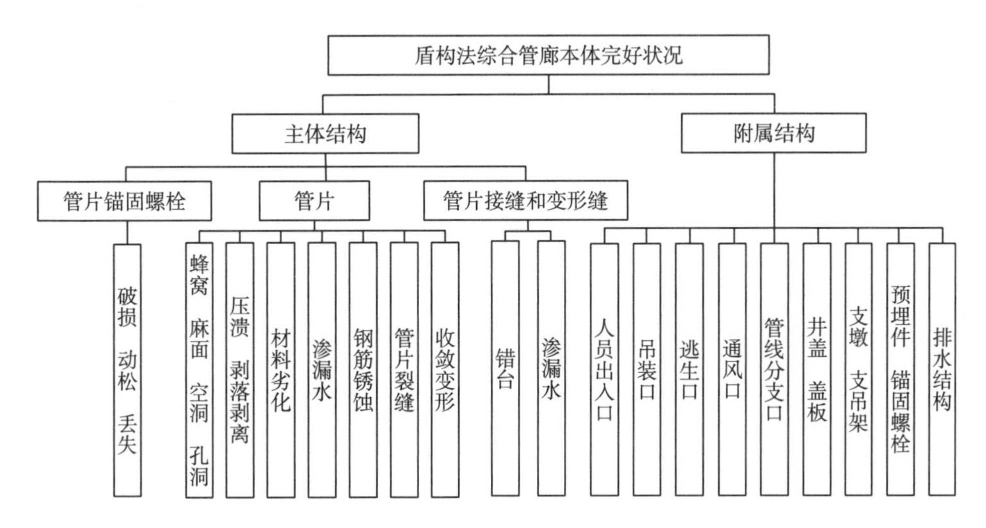

图 3-3 盾构法综合管廊本体完好状况评价指标体系

2. 盾构法综合管廊本体结构状况评价指标体系

依据 3.2.2 节中选取的相应指标，考虑指标间关系，建立完盾构法综合管廊本体结构状况评价指标体系如图 3-4 所示。

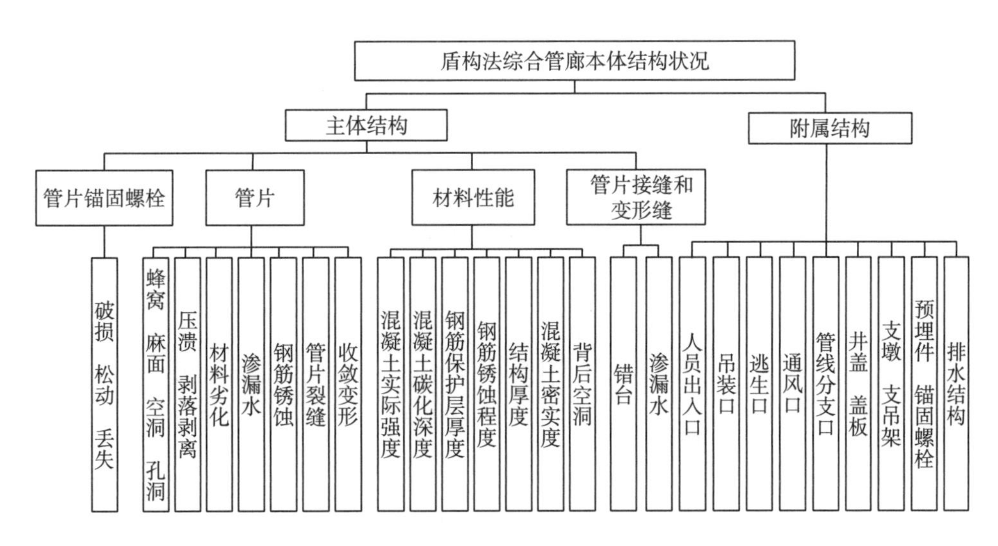

图 3-4 盾构法综合管廊本体结构状况评价指标体系

3.3.3 矿山法综合管廊本体状况评价指标体系

1. 矿山法综合管廊本体完好状况评价指标体系

依据 3.2.3 节中选取的相应指标，考虑指标间关系，建立矿山法综合管廊本体完好状况评价指标体系如图 3-5 所示。

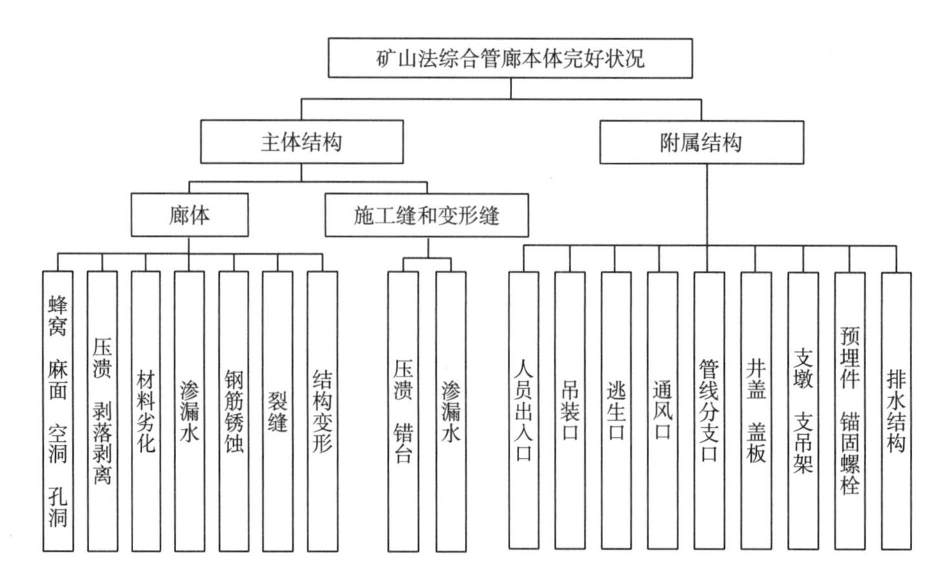

图 3-5 矿山法综合管廊本体完好状况评价指标体系

2. 矿山法综合管廊本体结构状况评价指标体系

依据 3.2.3 节中选取的相应指标，考虑指标间关系，建立矿山法综合管廊本体结构状况评价指标体系如图 3-6 所示。

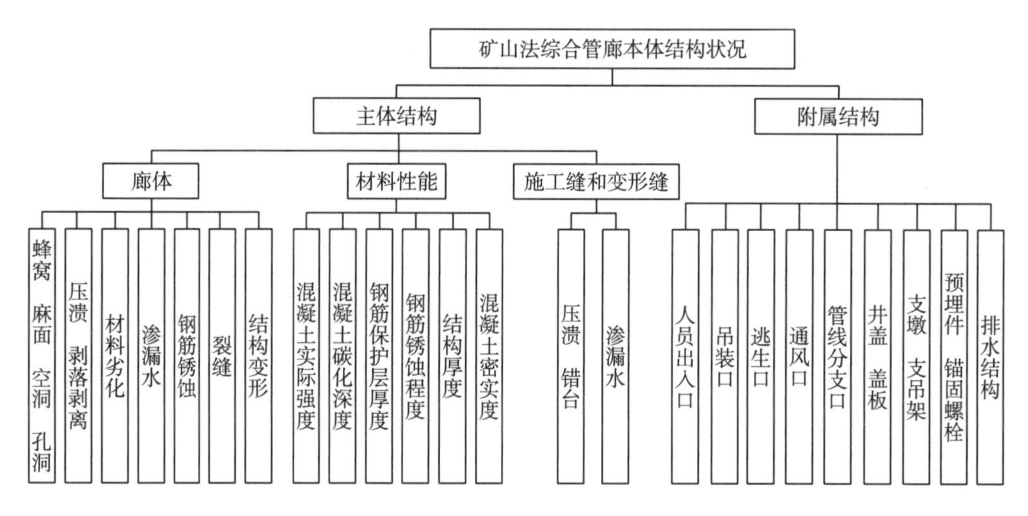

图 3-6 矿山法综合管廊本体结构状况评价指标体系

3.4 城市综合管廊结构健康评价指标分级判定标准

为了对综合管廊的检查和检测结果进行判定和评价，同时也为建立指标体系中各评价指标和评价结果之间的联系，需要建立各评价指标的判定标准。通过对评价指标的深入研究，得出各评价指标的判定标准。

3.4.1 明挖法综合管廊指标分级判定标准

1. 廊体状况指标分级判定标准

参考《城市轨道交通隧道结构养护技术标准》(CJJ/T 289—2018)，也结合城市综合管廊的运营和管理特点，将各指标状况划分为5个等级，建立分级判定标准。各指标的具体分级判定标准如表3-1所示。

表3-1 明挖法综合管廊廊体状况评价指标分级判定标准

评价指标	分级判定标准				
	1	2	3	4	5
蜂窝、麻面、空洞、孔洞	无	轻微缺陷	缺陷明显	严重缺陷	非常严重缺陷
压溃、剥落剥离	无	剥落剥离区域直径小于50mm	剥落剥离区域直径50～75mm	剥离剥落区域直径75～150mm	剥离剥落区域直径大于150mm
材料劣化	无	轻微劣化	劣化明显	严重劣化	非常严重劣化
渗漏水	无	局部湿渍或浸渗	滴漏或小股涌流	涌流或喷射水流	严重涌水
钢筋锈蚀	无	表层轻微锈迹	主筋出现锈蚀	主筋严重锈蚀	大面积钢筋外露、锈蚀
裂缝	无	轻微开裂	少量环向裂缝	环向、纵向裂缝	裂缝密集
结构变形速率 v(mm/a)	无	$v<3$	$3\leq v\leq 10$	$v>10$	变形很明显，且变形速率快

注：进行渗漏水状况等级确定时，pH值小于4.0时，则等级评为3或4；pH值范围为4.1～6.0时，则渗漏水状况的等级在原基础上适当提高一级；pH值范围为6.1～7.9时，则渗漏水状况等级保持不变。

2. 施工缝和变形缝状况评价指标分级判定标准

参考《城市轨道交通隧道结构养护技术标准》(CJJ/T 289—2018)，可以将明挖法综合管廊施工缝和变形缝状况评价指标分为5级，分级标准见表3-2。

表3-2 明挖法综合管廊施工缝和变形缝状况评价指标分级判定标准

评价指标	分级判定标准				
	1	2	3	4	5
压溃、错台	无	轻微压溃，错台量 $c\leq 20$mm	压溃明显，错台量 20mm$<c\leq$30mm	错台明显，错台量 30mm$<c\leq$40mm	错台严重，错台量 $c>40$mm
渗漏水	无	湿渍	滴漏	线漏	涌流或伴有漏泥砂

注：进行渗漏水状况等级确定时，pH值小于4.0时，则等级评为3或4；pH值范围为4.1～6.0时，则渗漏水状况的等级在原基础上适当提高一级；pH值范围为6.1～7.9时，则渗漏水状况等级保持不变。

3. 附属结构状况评价指标分级判定标准

可将综合管廊附属结构状况分为5个等级，具体分级如表3-3所示。

表 3-3　综合管廊附属结构状况分级判定标准

评价指标	病害及评估标准				
	1	2	3	4	5
人员出入口	无	功能轻微受损	出入受阻	功能受损严重	功能丧失
吊装口	无	存在湿渍	出现滴漏	出现线漏	涌泥砂
逃生口	无	功能正常，轻微锈蚀	功能轻微受阻	锈蚀较严重	锈蚀严重，功能丧失
通风口	无	轻微破损	功能轻微受阻	破损严重	功能丧失
管线分支口	无	轻微缺陷	明显缺陷	严重缺陷	非常严重缺陷
井盖、盖板	无	轻微破损	功能轻微受阻	破损严重	功能丧失
支墩、支吊架	无	轻微破损	功能轻微受阻	破损严重	功能丧失
预埋件、锚固锚栓	无	轻微破损	功能轻微受阻	破损严重	功能丧失
排水结构	无	轻微破损	功能轻微受阻	破损严重	功能丧失

4. 材料性能状况指标分级判定标准

1）混凝土实际强度状况分级判定标准

依据《城市轨道交通隧道结构养护技术标准》(CJJ/T 289—2018)，建立综合管廊结构混凝土实际强度状况分级判定标准如表 3-4 所示。

表 3-4　混凝土实际强度状况分级判定标准

评价指标	分级判定标准				
	1	2	3	4	5
强度不足(q_i：实际强度；q：设计强度；l：缺陷长度，m)	结构混凝土强度 $0.85 \leqslant q_i/q < 1.00$	结构混凝土强度 $0.75 \leqslant q_i/q < 0.85$，且长度 $l < 5$	结构混凝土强度 $0.65 \leqslant q_i/q < 0.75$ 且长度 $l < 5$ 结构混凝土强度 $0.75 \leqslant q_i/q < 0.85$ 且长度 $l \geqslant 5$	结构混凝土强度 $q_i/q < 0.65$ 且长度 $l < 5$ 结构混凝土强度 $0.65 \leqslant q_i/q < 0.75$ 且长度 $l \geqslant 5$	结构混凝土强度 $q_i/q < 0.65$ 且长度 $l \geqslant 5$

2）混凝土碳化深度状况分级判定标准

混凝土碳化深度状况分级判定标准见表 3-5。

表 3-5　混凝土碳化深度状况分级判定标准

评价指标	评估标准				
	1	2	3	4	5
测区混凝土碳化深度平均值(t_i)与实测保护层厚度平均值(t)比值	<0.5	[0.5，1.0)	[1.0，1.5)	[1.5，2.0)	≥2.0

3）钢筋保护层厚度状况分级判定标准

钢筋保护层厚度状况分级判定标准见表 3-6。

表 3-6 钢筋保护层厚度状况分级判定标准

评价指标	评估标准				
	1	2	3	4	5
钢筋保护层厚度特征值(a_{si})与设计值(a_s)的比值	>0.95	(0.85，0.95]	(0.70，0.85]	(0.55，0.70]	≤0.55

4)钢筋锈蚀状况分级判定标准

钢筋锈蚀状况分级判定标准见表 3-7。

表 3-7 钢筋锈蚀状况分级判定标准

评价指标	评估标准				
	1	2	3	4	5
钢筋锈蚀	无锈蚀或锈蚀活动性不稳定	有锈蚀活动性，但锈蚀状态不确定，可能锈蚀	有锈蚀活动性，发生锈蚀概率大于 90%	有锈蚀活动性，严重锈蚀可能性极大	构件存在锈蚀开裂区域
电位水平(mV)	≥-200	(-200，-300]	(-300，-400]	(-400，-500]	<-500

5)混凝土结构厚度状况分级判定标准

混凝土结构厚度状况分级判定标准见表 3-8。

表 3-8 混凝土结构厚度状况分级判定标准

评价指标	分级判定标准				
	1	2	3	4	5
厚度不足(h_i：有效厚度；h：设计厚度；l：缺陷长度(m)	结构厚度 0.90≤h_i/h<1.00	结构厚度 0.75≤h_i/h<0.90 且长度 l<5 结构有剥蚀	结构厚度 0.60≤h_i/h<0.75 且长度 l<5 结构厚度 0.75≤h_i/h<0.90 且长度 l≥5	结构厚度 h_i/h<0.60 且长度 l<5 结构厚度 0.60≤h_i/h<0.75 且长度 l≥5	结构厚度 h_i/h<0.60 且长度 l≥5

6)混凝土密实度状况分级判定标准

混凝土密实度状况分级判定标准见表 3-9。

表 3-9 混凝土密实度状况分级判定标准

评价指标	分级判定标准				
	1	2	3	4	5
回填密实度连续长度	—	≤3	(3，9]	(9，15]	>15
基底密实度连续长度	—	≤3	(3，9]	(9，15]	>15

3.4.2 盾构法综合管廊指标分级判定标准

1. 管片状况评价指标

确定综合管廊管片结构状况指标时，参考《城市轨道交通隧道结构养护技术标准》(CJJ/T 289—2018)，也结合了综合管廊的维护管理经验，将各指标状况划分为 5 个等级。

各指标的分级判定标准如表 3-10 所示。

表 3-10 盾构法综合管廊管片状况评价指标分级判定标准

评价指标	分级判定标准				
	1	2	3	4	5
蜂窝、麻面、空洞、孔洞	无	轻微缺陷	缺陷明显	严重缺陷	非常严重缺陷
压溃、剥落剥离	无	轻微剥落	明显剥落	大面积剥离	剥离掉块
材料劣化	无	轻微劣化	劣化明显	严重劣化	非常严重劣化
渗漏水	无	局部湿渍或浸渗	滴漏或小股涌流	涌流或喷射水流	严重涌水
钢筋锈蚀	无	表层轻微锈迹	主筋出现锈蚀	主筋严重锈蚀	大面积钢筋外露、锈蚀
裂缝	无	裂缝宽度 $b<0.2\text{mm}$	裂缝宽度 $0.2\text{mm}\leqslant b<1.0\text{mm}$	裂缝宽度 $1.0\text{mm}\leqslant b<2.0\text{mm}$	裂缝宽度 $b\geqslant 2.0\text{mm}$
收敛变形（直径变化量 c，‰D，c 为实际直径变化量与盾构管廊直径 D 千分之一的比值）	无	存在轻微变形，变形稳定，通缝：$c<8$ 错缝：$c<6$	出现新变形，变形速率慢，通缝：$8\leqslant c<12$ 错缝：$6\leqslant c<9$	变形速率较快，且变形明显，通缝：$12\leqslant c<16$ 错缝：$9\leqslant c<12$	变形很明显，且变形速率快，影响管线运行 通缝：$16\leqslant c$ 错缝：$12\leqslant c$

注：进行渗漏水状况等级确定时，pH 值小于 4.0 时，则等级评为 3 或 4；pH 值范围为 4.1～6.0 时，则渗漏水状况的等级在原基础上适当提高一级；pH 值范围为 6.1～7.9 时，则渗漏水状况等级保持不变。

2. 管片锚固螺栓状况评价指标分级判定标准

参考《城市轨道交通隧道结构养护技术标准》(CJJ/T 289—2018)，建立盾构法综合管廊管片锚固螺栓状况分级判定标准如表 3-11 所示。

表 3-11 管片锚固螺栓状况分级判定标准

评价指标	评估标准				
	1	2	3	4	5
损坏、松动、丢失	无	锚固螺栓存在少量螺母松动，尚未造成连接部位锚固失效	锚固螺栓存在少量损坏、松动、丢失，造成连接部位锚固失效	锚固螺栓存在较多损坏、松动、丢失，造成连接部位锚固失效，管片接缝处出现错台、变形	锚固螺栓大量损坏、松动、丢失，管片出现严重错位、变形

3. 管片接缝和变形缝状况评价指标分级判定标准

参考《城市轨道交通隧道结构养护技术标准》(CJJ/T 289—2018)，建立综合管廊管片接缝和变形缝状况分级判定标准如表 3-12 所示。

表 3-12 管片接缝和变形缝状况分级判定标准

评价指标	评估标准				
	1	2	3	4	5
错台 f(mm)	$0\leqslant f<4$	$4\leqslant f<8$	$8\leqslant f<10$	$10\leqslant f<12$	$12\leqslant f$
渗漏水	无	湿渍	滴漏	线漏	涌流或伴有漏泥砂

注：进行渗漏水状况等级确定时，pH 值小于 4.0 时，则等级评为 3 或 4；pH 值范围为 4.1～6.0 时，则渗漏水状况的等级在原基础上适当提高一级；pH 值范围为 6.1～7.9 时，则渗漏水状况等级保持不变。

4. 附属结构状况分级判定标准

附属结构状况评价指标与明挖法一致，故采取相同的分级判定标准，见表 3-3。

5. 管片材料性能状况分级判定标准

管片材料性能状况评价指标与明挖法衬砌材料性能一致，故采取相同的分级判定标准，见表 3-4～表 3-9。

3.4.3 矿山法综合管廊指标分级判定标准

1. 廊体状况指标分级判定标准

廊体状况所选取的指标与明挖法综合管廊一致，故采取相同的分级判定标准，见表 3-1。

2. 施工缝和变形缝状况评价指标分级判定标准

依据综合管廊相关规范以及《城市轨道交通隧道结构养护技术标准》(CJJ/T 289—2018)中相关内容，建立施工缝和变形缝状况划分分级判定标准，如表 3-13 所示。

表 3-13 矿山法综合管廊施工缝和变形缝状况分级判定标准

评价指标	分级判定标准				
	1	2	3	4	5
压溃、错台	错台量 $c \leqslant 20\text{mm}$	错台量 $20\text{mm} < c \leqslant 30\text{mm}$	错台量 $30\text{mm} < c \leqslant 40\text{mm}$	错台量 $40\text{mm} < c \leqslant 50\text{mm}$	错台量 $c > 50\text{mm}$
渗漏水	无	湿渍	滴漏	线漏	涌流或伴有漏泥砂

注：进行渗漏水状况等级确定时，pH 值小于 4.0 时，则等级评为 3 或 4；pH 值范围为 4.1～6.0 时，则渗漏水状况的等级在原基础上适当提高一级；pH 值范围为 6.1～7.9 时，则渗漏水状况等级保持不变。

3. 附属结构状况评价指标分级判定标准

附属结构状况评价指标与明挖法一致，故采取相同的分级判定标准，见表 3-3。

4. 材料性能状况分级判定标准

材料性能状况评价指标与明挖法材料性能一致，故采取相同的分级判定标准，见表 3-4～表 3-9。

3.5 城市综合管廊结构健康评价指标权重确定

综合管廊健康状况评价指标体系是一个多项目、多层次的复杂系统，每个层次又有多个评价指标。在对综合管廊健康状况进行综合评价的过程中，需要从最基层指标评价结果开始，向上层传递并综合评价指标的评价结果，最终完成综合管廊健康状况的总体评价。评价指标各有差异，相互之间重要程度各有差异，对上层指标的贡献程度不同。因此，各指标对上层指标的贡献程度以及指标重要程度差异可以通过计算权重表现出来。

3.5.1 综合管廊结构健康评价指标权重计算方法选择

1. 指标权重计算方法分析和比较

综合评价理论经过多年的发展，已经存在多种用于确定指标权重的方法，根据原始信息的来源，可以将这些方法分为三类：主观赋权法、客观赋权法、组合赋权法。

1) 主观赋权法

主观赋权法是人们研究较早、较为成熟的一种方法，它依靠专家主观上对各属性的重视程度来确定属性权重，其原始数据由专家根据经验主观判断得到。常用的主观赋权法有专家调查法、层次分析法、二项系数法和环比评分法等。层次分析法与专家调查法的主要内涵及其计算步骤如下。

(1) 层次分析法。层次分析法是指将与总目标相关的因素分解成目标、准则、指标等层次，在此基础上进行定性和定量分析的决策方法，这种方法在实际应用中经常用到。利用层次分析法确定各因素权重分配的步骤为：

第一，建立问题的递阶层次结构。将一个复杂问题分解成各个组成因素，将这些因素按照属性和支配关系分成多个层次。

第二，选择合适的标度方法，对各层次之间因素进行两两比较，形成比较判断矩阵。再对判断矩阵进行处理，得到一个用数字表示重要性的评价向量。

第三，计算一致性检验，$CR=CI/RI$（CI 为一致性指标，RI 为平均随机一致性指标，CR 为随机一致性比率，用于判定评价向量的可靠性），当 $CR<0.1$ 时，认为判断矩阵的一致性可接受，认为评价向量具有可靠性，否则应对判断矩阵进行调整计算。

第四，对所有层次的指标构造判断矩阵，计算权重，并计算所有指标对总目标的权重分配，进行一致性检验。

(2) 专家调查法。专家调查法是通过综合考虑各个专家的意见，博采众长从而确定各因素各指标的权重大小。这一方法简便易行，而且权重大小多由行内专家经过多轮讨论反馈而确定，具有一定的科学性和实用性。

2) 客观赋权法

为避免主观认识不足造成的权重大小出现偏差的问题，人们提出了客观赋权法，其原始数据是由各属性在决策方案中的实际数据形成的，各属性权重的大小应该根据该属性下各方案属性差异的大小来确定。常用的客观赋权法有：主成分分析法、熵值法、多目标规划法等。

其中，熵权法是根据各指标的变异程度，利用信息计算出各指标的熵权，再通过对各指标的权重进行修正，从而得到较为客观的权重。熵权法确定各因素各指标的步骤大致如下：

第一，数据标准化，将各个指标的数据进行标准化处理。

第二，计算第 i 项指标在第 j 项方案的评估价值占该指标评价总值的比重 f_{ij}。

$$f_{ij} = \frac{r_{ij}}{\sum_{i=1}^{m} r_{ij}} \tag{3-1}$$

第三，第 i 个评价指标的熵：

$$H_i = -\frac{1}{\ln n}\sum_{i=1}^{n} f_{ij} \ln f_{ij} \tag{3-2}$$

第四，第 i 个评价指标的熵权：

$$w_i = \frac{1-H_i}{m-\sum_{i=1}^{m} H_i} \tag{3-3}$$

第五，该层评价指标的权重向量为

$$W = (w_1, w_2, \cdots, w_m) \tag{3-4}$$

3）组合赋权法

主观赋权法和客观赋权法都存在优缺点，在确定指标权重的过程中，为兼顾决策者对属性的偏好，同时减少赋权的主观随意性，使属性的赋权能实现主观和客观的统一，学者提出了结合主观赋权法与客观赋权法两种优势的方法——组合赋权法，包括系数综合权重法、线性加权单目标最优化法、线性加权组合法和基于灰色关联度求解指标权重的方法等。

该方法是结合层次分析法和数据包络分析法而发展起来的一种方法，既可以体现决策者的偏好，也不会过度依赖决策者的主观判断。权重计算过程的步骤大致如下：

第一，用层次分析法构造指标的判断矩阵，确定指标权重，得出各指标权重：$\alpha_i (i=1,2,3\cdots)$。

第二，用数据包络分析法确定权重，建立数据包络模型，将此模型化为与之等价的线性规划模型，对该线性规划模型的对偶模型求解，求出最有效率评价指数，得出权重：$\beta_i (i=1,2,3\cdots)$。

第三，组合方法确定指标权重，利用公式：

$$\phi_i = \lambda\alpha_i + (1-\lambda)\beta_i \tag{3-5}$$

进行线性加权，求出组合权重。式中，λ 为一个小于 1 的系数，ϕ 为组合形成的指标权重的符号。

4）常用权重计算方法对比

以上提及的三类权重计算方法各有优势和缺点，在选择综合管廊指标权重计算方法时，需要对比不同方法的优缺点，结合综合管廊自身特点，确定用于计算指标权重的最合适的方法。指标权重计算方法的优缺点总结如表 3-14 所示。

表 3-14 指标权重计算方法对比

指标权重计算方法		优点	缺点
主观赋权法	层次分析法	①系统性——将对象视作系统，按照分解、比较、判断、综合的思维方式进行决策；②实用性——定性与定量相结合，应用范围广；③计算简便，结果明确，容易被决策者了解和掌握	定量数据较少，定性成分多，主观性成分较多，不易令人信服
	专家调查法	①能够充分发挥专家学者的学识与经验，集思广益，准确性；②综合考虑各位专家的分歧点表达，扬长避短	①缺少思想沟通交流，可能存在一定的主观片面性；②部分专家碍于情面，不愿发表不同意见，容易忽视少数意见，最终结果偏离实际
客观赋权法	熵权法	①客观性，精度较高，能够较好地解释所得到的结果；②适应性，可用于任何需要确定权重的过程，也可以结合其他方法共同使用	①缺乏指标之间横向比较；②指标权重随样本变化而变化，对样本依赖较大
组合赋权法	线性加权组合法	①结合了主观与客观的优势，使计算结果既兼顾决策者偏好又具有一定客观性；②引用了客观赋权法，计算得到权重准确性较高，较贴合实际	计算步骤烦琐，不利于指标数量较多的权重计算

2. 综合管廊健康状况评价指标权重计算方法

基于表 3-14 对前文所调研的几种指标权重计算方法优缺点的比较，同时也考虑综合管廊健康状况评价的需求，所以本研究拟选取层次分析法来确定指标体系中各层次指标的权重大小。

1) 层次分析法权重计算步骤

第一，根据标度理论，构造两两比较判断矩阵 $\boldsymbol{A}$：

$$\boldsymbol{A}=(a_{ij})_{n\times n} \quad (i,j=1,2,3,\cdots,n) \tag{3-6}$$

第二，将判断矩阵各列归一化处理：

$$\overline{a}_{ij}=a_{ij}/\sum_{k=1}^{n}a_{ij}(i,j=1,2,3,\cdots,n) \tag{3-7}$$

第三，求判断矩阵 A 各行元素之和 $\overline{w}_i$：

$$\overline{w}_i=\sum_{j=1}^{n}\overline{a}_{ij}(i=1,2,3,\cdots,n) \tag{3-8}$$

第四，对 $\overline{w}_i$ 进行归一化处理，得到 w_i：

$$w_i=\overline{w}_i/\sum_{i=1}^{n}\overline{w}_{ij}(i=1,2,3,\cdots,n) \tag{3-9}$$

第五，根据 $Aw=\lambda_{\max}w$ 求出最大特征根和其特征向量。

第六，计算一致性指标：

$$CI=\frac{\lambda_{\max}-n}{n-1} \tag{3-10}$$

按表 3-15，根据判断矩阵维数找出相应的平均随机一致性指标 RI。

表 3-15 判断矩阵维数与平均随机一致性指标 *RI* 对应表

矩阵维数 *n*	1	2	3	4	5	6	7	8	9	10
RI 值	0	0	0.58	0.90	1.12	1.24	1.32	1.41	1.45	1.49

此处，对于一阶和二阶判断矩阵，*RI* 只是形式上的，因为一阶和二阶判断矩阵总是具有完全一致性。当判断矩阵的阶数大于 2 时，才需要计算随机一致性比率 *CR*。当 $CR=CI/CR<0.1$ 时，认为判断矩阵可接受一致性检验，权重向量可靠，否则调整判断矩阵 *A*。

2) 层次分析法中标度选择

运用层次分析法进行指标权重计算首先需要选择合适的比较标度，层次分析法经过长时间的发展，学者提出了多种比较标度，当下用于工程分析中的主要比较标度有 1～9 标度法、9/9～9/1 标度法、10/10～18/2 标度法和指数标度法。经学者对不同标度进行相关特性比较[70-75]，认为 10/10～18/2 标度法的标度均匀性、标度权重拟合度等方面表现较好，洪平[76]在《层次分析法在铁路运营隧道健康状态综合评判中的应用》中采用了 10/10～18/2 标度法计算各指标的权重，同时获得了较好的拟合度，故综合管廊指标权重采用 10/10～18/2 标度法计算，其描述如表 3-16 所示。

表 3-16 10/10～18/2 标度法的描述

区别	同等重要	微小重要	稍微重要	更为重要	明显重要	十分重要	强烈重要	更强烈重要	极端重要
10/10～18/2 标度法	10/10	11/9	12/8	13/7	14/6	15/5	16/4	17/3	18/2

3.5.2 明挖法综合管廊状况评价体系指标权重计算

1. 明挖法综合管廊本体完好状况评价指标体系中指标权重计算

根据 3.3.1 节建立的明挖法综合管廊本体完好状况评价指标体系，分别计算不同层次、不同指标的权重。

1) 计算主体结构与附属结构权重

城市综合管廊结构中，主体结构是用于承载外部荷载和管线最基本的运营空间，附属结构是为管线运营维持其作用，保证管线良好的运营空间，所以主体结构相对附属结构是“明显重要”。故使用 10/10～18/2 标度法建立准则层判断矩阵，如表 3-17 所示。

表 3-17 准则层判断矩阵

指标	主体结构 u_1	附属结构 u_2
主体结构 u_1	1	2.333
附属结构 u_2	0.428	1

对判断矩阵做归一化处理，得到权重：

$$W_v = \{0.699, 0.301\} \quad (3\text{-}11)$$

该判断矩阵为二阶矩阵，所以矩阵具有完全一致性，认为指标权重可靠。

2) 计算主体结构中廊体与施工缝和变形缝权重

3.2.1 节中，将明挖法综合管廊主体结构细分为两部分，一部分为廊体，另一部分为变形缝、施工缝，在主体结构中，廊体承受外部荷载，保持结构基本状况，可视为主要部分，施工缝和变形缝应该视为附属部分，所以廊体相对于施工缝和变形缝是“明显重要”。故使用 10/10～18/2 标度法建立判断矩阵，如表 3-18 所示。

表 3-18 主体结构指标判断矩阵

指标	廊体 u_{11}	施工缝和变形缝 u_{12}
廊体 u_{11}	1	2.333
施工缝和变形缝 u_{12}	0.428	1

对判断矩阵做归一化处理，得到权重：

$$W_1 = \{0.699, 0.301\} \quad (3\text{-}12)$$

该判断矩阵为二阶矩阵，所以矩阵具有完全一致性，认为指标权重可靠。

3) 计算廊体指标权重

3.2.1 节中，廊体的主要指标有蜂窝(麻面、空洞、孔洞)、压溃(剥离剥落)、材料劣化、渗漏水、钢筋锈蚀、裂缝以及结构变形共 7 项指标。文献[64]计算得到的隧道健康以及诊断指标权重(裂缝　渗漏水　材料劣化　空洞　变形　起层)=(0.225　0.150　0.175　0.150　0.200　0.100)，文献[75]计算得到的一级指标权重为(0.181　0.205　0.205　0.174　0.118　0.118)，由此可以看出隧道健康诊断指标的权重分配相对均衡，指标之间相对都是“微小重要”“稍微重要”，不存在某一指标相对其他指标为极端重要，所以综合管廊廊体指标之间应该也是“微小重要”“稍微重要”。因此，综合管廊廊体指标中，重要性程度之间应该为裂缝与渗漏水为同等重要，相对于结构变形与蜂窝为“稍微重要”；压溃、材料劣化与钢筋锈蚀为同等重要，相对于结构变形与蜂窝为“微小重要”。故使用 10/10～18/2 标度法建立判断矩阵如表 3-19。

表 3-19 指标判断矩阵

指标	蜂窝 u_{111}	压溃 u_{112}	材料劣化 u_{113}	渗漏水 u_{114}	钢筋锈蚀 u_{115}	裂缝 u_{116}	结构变形 u_{117}
蜂窝 u_{111}	1	0.818	0.818	0.667	0.818	0.667	1
压溃 u_{112}	1.222	1	1	0.818	1	0.818	1.222
材料劣化 u_{113}	1.222	1	1	0.818	1	0.818	1.222
渗漏水 u_{114}	1.5	1.222	1.222	1	1.222	1	1.5

续表

指标	蜂窝 u_{111}	压溃 u_{112}	材料劣化 u_{113}	渗漏水 u_{114}	钢筋锈蚀 u_{115}	裂缝 u_{116}	结构变形 u_{117}
钢筋锈蚀 u_{115}	1.222	1	1	0.818	1	0.818	1.222
裂缝 u_{116}	1.5	1.222	1.222	1	1.222	1	1.5
结构变形 u_{117}	1	0.818	0.818	0.667	0.818	0.667	1

对判断矩阵进行归一化处理，得到指标权重向量：

$$W_{11} = \{0.115, 0.141, 0.141, 0.173, 0.141, 0.173, 0.115\} \tag{3-13}$$

根据公式 $Aw = \lambda_{\max} w$，求出最大特征值 $\lambda_{\max} = 7$。对矩阵进行一致性检验，计算一致性指标：

$$CI = (\lambda_{\max} - n) / (n-1) = (7-7) / (7-1) = 0 \tag{3-14}$$

查看随机一致性指标 RI=1.32，计算得到一致性比例：

$$CR = CI / RI = 0 < 0.1 \tag{3-15}$$

作为判断矩阵的一致性检验是可接受，指标权重分配可靠。

4) 计算施工缝和变形缝指标权重

3.2.1 节中，主体结构中的施工缝和变形缝选择了两个指标，一个为压溃、错台，另一个为渗漏水，两者都对施工缝和变形缝状况产生影响，认为两者的重要性程度相同，使用 10/10～18/2 标度法建立判断矩阵，如表 3-20 所示。

表 3-20 施工缝和变形缝指标判断矩阵

指标	压溃、错台 u_{121}	渗漏水 u_{122}
压溃、错台 u_{121}	1	1
渗漏水 u_{122}	1	1

对判断矩阵做归一化处理，得到权重：

$$W_{12} = \{0.5, 0.5\} \tag{3-16}$$

该判断矩阵为二阶矩阵，所以矩阵具有完全一致性，认为指标权重可靠。

5) 计算附属结构指标权重

3.2.1 节中，附属结构中选择了人员出入口、吊装口、逃生口、通风口、管线分支口、井盖(盖板)、支墩(支吊架)、预埋件(锚固螺栓)和排水结构共 9 项，指标数量较多，权重分配会比较均匀。通过走访综合管廊养护管理单位，认为首先需要以人为本，人员出入口、逃生口以及可能影响结构的预埋件重要性程度最大，其次则为维持管线运营环境的通风口、管线分支口、井盖(盖板)、支墩(支吊架)和排水结构，最后考虑使用频率较低的吊装口。认为最重要的几个指标相对于吊装口为“十分重要”，其次重要的几个指标相对于吊装口为“稍微重要”，采用 10/10～18/2 标度法建立判断矩阵，如表 3-21 所示。

表 3-21 附属结构指标判断矩阵

指标	人员出入口 u_{21}	吊装口 u_{22}	逃生口 u_{23}	通风口 u_{24}	管线分支口 u_{25}	井盖(盖板) u_{26}	支墩(支吊架) u_{27}	预埋件(锚固螺栓) u_{28}	排水结构 u_{29}
人员出入口 u_{21}	1	3	1	1.5	1.5	1.5	1.5	1	1.5
吊装口 u_{22}	0.333	1	0.333	0.5	0.5	0.5	0.5	0.333	0.5
逃生口 u_{23}	1	3	1	1.5	1.5	1.5	1.5	1	1.5
通风口 u_{24}	0.667	2	0.667	1	1	1	1	0.667	1
管线分支口 u_{25}	0.667	2	0.667	1	1	1	1	0.667	1
井盖(盖板) u_{26}	0.667	2	0.667	1	1	1	1	0.667	1
支墩(支吊架) u_{27}	0.667	2	0.667	1	1	1	1	0.667	1
预埋件(锚固螺栓) u_{28}	1	3	1	1.5	1.5	1.5	1.5	1	1.5
排水结构 u_{29}	0.667	2	0.667	1	1	1	1	0.667	1

对判断矩阵进行归一化处理，得到指标权重向量：

$$W_2 = \{0.15, 0.05, 0.15, 0.10, 0.10, 0.10, 0.10, 0.15, 0.10\} \tag{3-17}$$

根据公式 $Aw = \lambda_{\max} w$，求出最大特征值 $\lambda_{\max} = 9$。对矩阵进行一致性检验，计算一致性指标：

$$CI = (\lambda_{\max} - n)/(n-1) = (9-9)/(9-1) = 0 \tag{3-18}$$

查看随机一致性指标 RI=1.45，计算得到一致性比例：

$$CR = CI / RI = 0 < 0.1 \tag{3-19}$$

作为判断矩阵的一致性检验是可接受，指标权重分配可靠。

6) 明挖法综合管廊本体完好状况评价指标权重关系

明挖法综合管廊本体完好状况评价指标权重关系如图 3-7 所示。

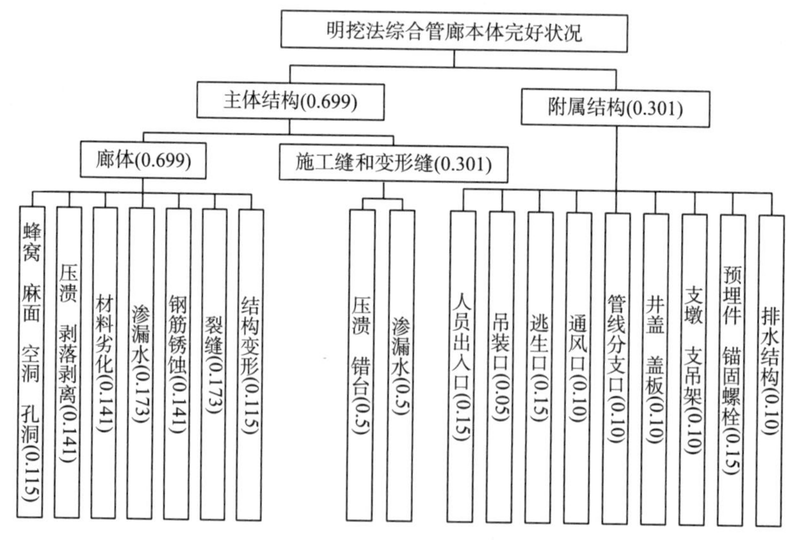

图 3-7 明挖法综合管廊本体完好状况评价指标权重关系

2. 明挖法综合管廊本体结构状况评价指标体系指标权重计算

根据3.3.3节建立的明挖法综合管廊本体结构状况评价指标体系，分别计算不同层次、不同指标的权重。

1) 计算主体结构、附属结构权重

明挖法综合管廊进行本体结构状况评价，主体结构与附属结构权重大小为

$$W_v = \{0.699, 0.301\} \tag{3-20}$$

2) 计算主体结构中廊体、材料性能、施工缝和变形缝指标权重

3.2.1 节中，主体结构细分为廊体、材料性能、施工缝和变形缝三项，廊体相对于施工缝和变形缝为“明显重要”。材料性能直接影响廊体的承载能力，认为材料性能与廊体为同等重要，采用10/10～18/2标度法建立判断矩阵，如表3-22所示。

表3-22 主体结构指标判断矩阵

指标	廊体 u_{11}	施工缝和变形缝 u_{12}	材料性能 u_{13}
廊体 u_{11}	1	2.333	1
施工缝和变形缝 u_{12}	0.428	1	0.428
材料性能 u_{13}	1	2.333	1

对判断矩阵做归一化处理，得到权重：

$$W_1 = \{0.412 \quad 0.176 \quad 0.412\} \tag{3-21}$$

根据公式 $Aw = \lambda_{\max} w$，求出最大特征值 $\lambda_{\max} = 3$。对矩阵进行一致性检验，计算一致性指标：

$$CI = (3-3)/(3-1) = 0 \tag{3-22}$$

查看随机一致性指标 RI=0.58，计算得到一致性比例：

$$CR = CI / RI = 0 < 0.1 \tag{3-23}$$

作为判断矩阵的一致性检验可接受，指标权重分配可靠。

3) 计算廊体指标权重

明挖法综合管廊本体结构状况评价指标体系中，廊体的指标内容与本体完好状况评价指标体系中廊体结构指标内容相同，采用相同的权重分配方法，具体为

$$W_{11} = \{0.115, 0.141, 0.141, 0.173, 0.141, 0.173, 0.115\} \tag{3-24}$$

4) 计算施工缝和变形缝指标权重

明挖法综合管廊本体结构状况评价体系中，施工缝和变形缝项目下指标内容与明挖法综合管廊本体完好状况评价指标体系一致，采用相同的权重分配方法，具体为

$$W_{13} = \{0.5, 0.5\} \tag{3-25}$$

5）计算材料性能各指标权重

3.2.1 节中，表征材料性能的指标有混凝土强度、混凝土碳化深度、钢筋保护层厚度、钢筋锈蚀程度、结构厚度、混凝土密实度共 6 项指标，廊体中混凝土作为主要的承载结构，在考虑材料性能时，需要特别关注混凝土的材料性能，其中更为重要的是混凝土的密实度状况，考虑相对混凝土强度为“稍微重要”，混凝土强度与结构厚度为同等重要，混凝土强度相对混凝土碳化深度为“微小重要”，由于钢筋受到混凝土的保护，一般不轻易发生锈蚀，所以混凝土强度相对钢筋保护层厚度与钢筋锈蚀程度为“更为重要”。故采用 10/10～18/2 标度法建立判断矩阵如表 3-23 所示。

表 3-23 材料性能指标判断矩阵

指标	混凝土强度 u_{21}	混凝土碳化深度 u_{22}	钢筋保护层厚度 u_{23}	钢筋锈蚀程度 u_{24}	结构厚度 u_{25}	混凝土密实度 u_{26}
混凝土强度 u_{21}	1	1.222	1.857	1.857	1	0.667
混凝土碳化深度 u_{22}	0.818	1	1.5	1.5	0.818	0.538
钢筋保护层厚度 u_{23}	0.538	0.667	1	1	0.538	0.333
钢筋锈蚀程度 u_{24}	0.538	0.667	1	1	0.538	0.333
结构厚度 u_{25}	1	1.222	1.857	1.857	1	0.667
混凝土密实度 u_{26}	1.5	1.857	3	3	1.5	1

对判断矩阵做归一化处理，得到权重：

$$W_{13} = \{0.184, 0.149, 0.098, 0.098, 0.184, 0.286\} \tag{3-26}$$

根据公式 $Aw = \lambda_{\max} w$，求出最大特征值 $\lambda_{\max} = 6$。对矩阵进行一致性检验，计算一致性指标：

$$CI = (6-6)/(6-1) = 0 \tag{3-27}$$

查看随机一致性指标 RI=1.24，计算得到一致性比例：

$$CR = CI / RI = 0 < 0.1 \tag{3-28}$$

作为判断矩阵的一致性检验可接受，指标权重分配可靠。

6）计算管廊附属结构中各指标权重

明挖法综合管廊本体结构状况评价体系中，附属结构下指标内容与明挖法综合管廊本体完好状况评价指标体系一致，采用相同的权重分配方法，具体为

$$W_2 = \{0.15, 0.05, 0.15, 0.10, 0.10, 0.10, 0.10, 0.15, 0.10\} \tag{3-29}$$

7）明挖法综合管廊本体结构状况评价指标权重关系

明挖法综合管廊本体结构状况评价指标权重关系如图 3-8 所示。

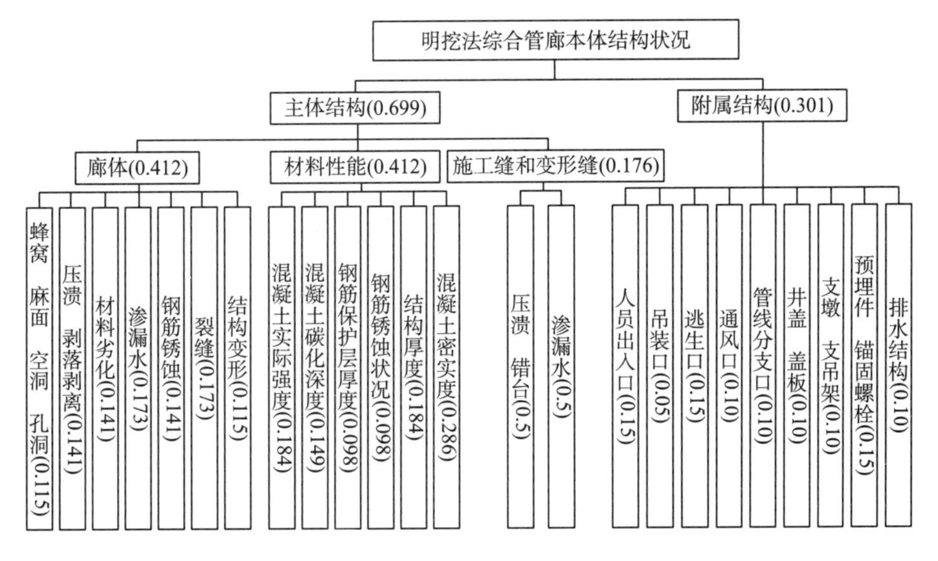

图 3-8 明挖法综合管廊本体结构状况评价指标权重关系

3.5.3 盾构法综合管廊状况评价体系指标权重计算

1. 盾构法综合管廊本体完好状况评价指标体系指标权重计算

根据 3.3.2 节建立的盾构法综合管廊本体完好状况评价指标体系，分别计算不同层次、不同指标的权重。

1) 计算主体结构与附属结构权重

盾构法综合管廊与明挖法综合管廊在总体结构上都分为主体结构与附属结构两个大类，盾构法综合管廊中主体结构与附属结构的健康状况对综合管廊本体完好状况的贡献程度都一样，所以，盾构法综合管廊主体结构与附属结构权重大小为

$$W_v = \{0.699, 0.301\} \tag{3-30}$$

2) 计算主体结构中管片、管片锚固螺栓、管片接缝和变形缝权重

3.2.2 节中，盾构法综合管廊的主体结构的细分与明挖法差异不大，增加了管片锚固螺栓，管片相对于管片锚固螺栓为“强烈重要”，采用 10/10～18/2 标度法建立判断矩阵，如表 3-24 所示。

表 3-24 主体结构指标判断矩阵

指标	管片 u_{11}	管片锚固螺栓 u_{12}	管片接缝和变形缝 u_{13}
管片 u_{11}	1	4	2.333
管片锚固螺栓 u_{12}	0.25	1	0.818
管片接缝和变形缝 u_{13}	0.428	1.222	1

对判断矩阵做归一化处理，得到权重：

$$W_1 = \{0.608, 0.172, 0.220\} \tag{3-31}$$

根据公式 $Aw = \lambda_{max} w$，求出最大特征值 $\lambda_{max} = 3$。对矩阵进行一致性检验，计算一致性指标：

$$CI = (\lambda_{max} - n) / (n-1) = (3-3) / (3-1) = 0 \tag{3-32}$$

查看随机一致性指标 RI=0.58，计算得到一致性比例：

$$CR = CI / RI = 0 < 0.1 \tag{3-33}$$

作为判断矩阵的一致性检验可接受，指标权重分配可靠。

3) 计算管片指标权重

3.2.2 节中，主体结构中的管片主要有蜂窝、压溃、材料劣化、渗漏水、钢筋锈蚀、裂缝和收敛变形共 7 项评价指标，根据 3.2.2 节对相关指标的分析，蜂窝、压溃、材料劣化、渗漏水、钢筋锈蚀、裂缝、收敛变形指标之间的重要性关系基本确定，管片间的接缝错台相对于蜂窝为“微小重要”。使用 10/10～18/2 标度法建立判断矩阵如表 3-25 所示。

表 3-25　管片指标判断矩阵

指标	蜂窝 u_{111}	压溃 u_{112}	材料劣化 u_{113}	渗漏水 u_{114}	钢筋锈蚀 u_{115}	裂缝 u_{116}	收敛变形 u_{117}
蜂窝 u_{111}	1	0.818	0.818	0.667	0.818	0.667	1
压溃 u_{112}	1.222	1	1	0.818	1	0.818	1.222
材料劣化 u_{113}	1.222	1	1	0.818	1	0.818	1.222
渗漏水 u_{114}	1.5	1.222	1.222	1	1.222	1	1.5
钢筋锈蚀 u_{115}	1.222	1	1	0.818	1	0.818	1.222
裂缝 u_{116}	1.5	1.222	1.222	1	1.222	1	1.5
收敛变形 u_{117}	1	0.818	0.818	0.667	0.818	0.667	1

对判断矩阵做归一化处理，得到权重：

$$W_{11} = \{0.115, 0.141, 0.141, 0.173, 0.141, 0.173, 0.115\} \tag{3-34}$$

根据公式 $Aw = \lambda_{max} w$，求出最大特征值 $\lambda_{max} = 7$。对矩阵进行一致性检验，计算一致性指标：

$$CI = (\lambda_{max} - n) / (n-1) = (7-7) / (7-1) = 0 \tag{3-35}$$

查看随机一致性指标 $RI = 0.58$，计算得到一致性比例：

$$CR = CI / RI = 0 < 0.1 \tag{3-36}$$

作为判断矩阵的一致性检验可接受，指标权重分配可靠。

4) 计算管片锚固螺栓指标权重

在盾构法综合管廊运营指标体系中，管片锚固螺栓只包含一项指标，所以指标权重为1，即

$$W_{12} = \{1\} \tag{3-37}$$

5) 计算管片接缝和变形缝指标权重

盾构法综合管廊中，对管片接缝和变形缝产生影响的指标有错台以及渗漏水，且认为重要程度相同，故：

$$W_{13} = \{0.5, 0.5\} \tag{3-38}$$

6) 计算附属结构指标权重

在盾构法综合管廊本体完好状况指标体系中，附属结构下指标内容与明挖法综合管廊中附属结构指标内容一致，所以指标权重采用同样的分配规则：

$$W_2 = \{0.15, 0.05, 0.15, 0.10, 0.10, 0.10, 0.10, 0.15, 0.10\} \tag{3-39}$$

7) 盾构法综合管廊运营安全健康状况评价指标权重关系

盾构法综合管廊本体完好状况评价指标权重关系如图 3-9 所示。

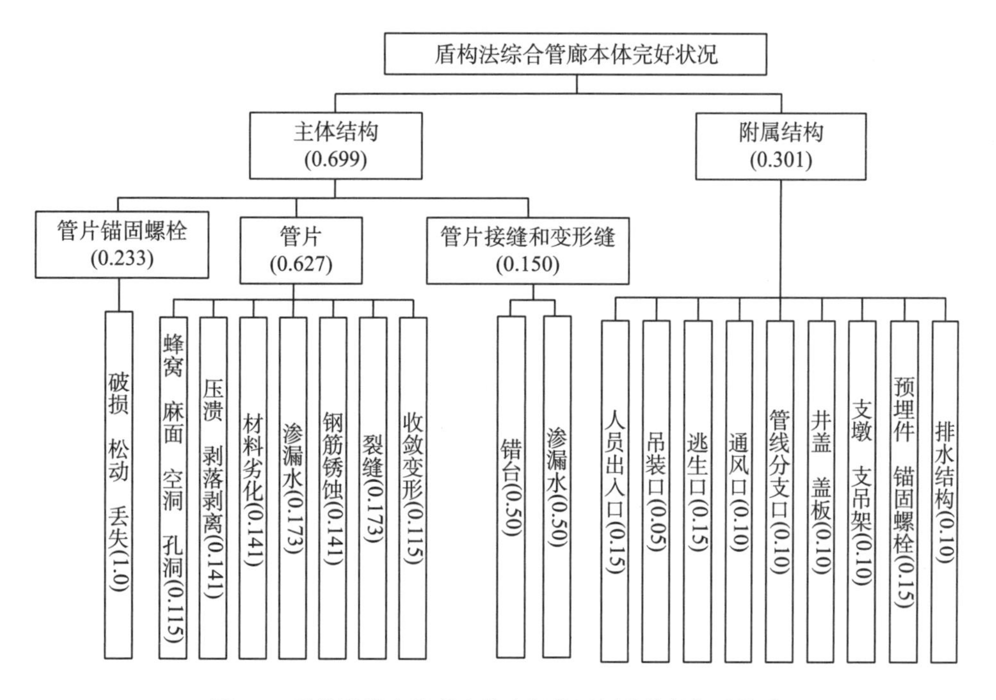

图 3-9 盾构法综合管廊本体完好状况评价指标权重关系

2. 盾构法综合管廊主体结构状况评价指标体系指标权重计算

根据 3.3.2 节建立的盾构法综合管廊本体结构状况评价指标体系，分别计算不同层次，不同指标的权重。

1）计算主体结构与附属结构权重

盾构法综合管廊进行结构健康状况评价时，采用本体完好状况评价相同的指标分配方法，具体为

$$W_v = \{0.699, 0.301\} \tag{3-40}$$

2）计算主体结构中管片、管片锚固螺栓、材料性能、管片接缝和变形缝指标权重

3.2.2 节中，考虑管廊本体结构状况时，主体结构分为管片、管片锚固螺栓、管片接缝和变形缝、材料性能四部分，参考前文对各部分的相关考虑，即管片和材料性能考虑为同等重要，相对管片接缝和变形缝为“明显重要”，相对于锚固螺栓为“强烈重要”。采用 10/10～18/2 标度法建立判断矩阵，如表 3-26 所示。

表 3-26 主体结构指标判断矩阵

指标	管片 u_{11}	管片锚固螺栓 u_{12}	管片接缝和变形缝 u_{13}	材料性能 u_{14}
管片 u_{11}	1	4	2.333	1
管片锚固螺栓 u_{12}	0.25	1	0.818	0.25
管片接缝和变形缝 u_{13}	0.425	1.222	1	0.428
材料性能 u_{14}	1	4	2.333	1

对判断矩阵做归一化处理，得到权重：

$$W_1 = \{0.378, 0.105, 0.140, 0.378\} \tag{3-41}$$

根据公式 $Aw = \lambda_{\max} w$，求出最大特征值 $\lambda_{\max} = 4$。对矩阵进行一致性检验，计算一致性指标：

$$CI = (4-4)/(4-1) = 0 \tag{3-42}$$

查看随机一致性指标 $RI = 0.58$，计算得到一致性比例：

$$CR = CI / RI = 0 < 0.1 \tag{3-43}$$

作为判断矩阵的一致性检验可接受，指标权重分配可靠。

3）计算管片指标权重

盾构法综合管廊本体结构状况评价指标体系中，管片下指标内容与本体完好状况评价指标体系中廊体结构指标内容相同，采用相同的权重分配方法，具体为

$$W_{11} = \{0.115, 0.141, 0.141, 0.173, 0.141, 0.173, 0.115\} \tag{3-44}$$

4）计算材料性能指标权重

3.2.2 节中，材料性能主要有混凝土强度、混凝土碳化深度、钢筋保护层厚度、钢筋锈蚀程度、结构厚度、混凝土密实度和背后空洞状况共 7 项指标。结合前文对各指标之间重要性评估，认为混凝土密实度与背后空洞状况同等重要。采用 10/10～18/2 标度法建立判断矩阵如表 3-27 所示。

表 3-27 材料性能指标判断矩阵

指标	混凝土强度 u_{21}	混凝土碳化深度 u_{22}	钢筋保护层厚度 u_{23}	钢筋锈蚀程度 u_{24}	结构厚度 u_{25}	混凝土密实度 u_{26}	背后空洞 u_{27}
混凝土强度 u_{21}	1	1.222	1.857	1.857	1	0.667	0.667
混凝土碳化深度 u_{22}	0.818	1	1.5	1.5	0.818	0.538	0.538
钢筋保护层厚度 u_{23}	0.538	0.667	1	1	0.538	0.333	0.333
钢筋锈蚀程度 u_{24}	0.538	0.667	1	1	0.538	0.333	0.333
结构厚度 u_{25}	1	1.222	1.857	1.857	1	0.667	0.667
混凝土密实度 u_{26}	1.5	1.857	3	3	1.5	1	1
背后空洞 u_{27}	1.5	1.857	3	3	1.5	1	1

对判断矩阵做归一化处理，得到权重：

$$W_{12} = \{0.143, 0.116, 0.076, 0.076, 0.143, 0.223, 0.219\} \tag{3-45}$$

根据公式 $Aw = \lambda_{\max} w$，求出最大特征值 $\lambda_{\max} = 7$。对矩阵进行一致性检验，计算一致性指标：

$$CI = (7-7)/(1-1) = 0 \tag{3-46}$$

查看随机一致性指标 $RI = 1.24$，计算得到一致性比例：

$$CR = CI / RI = 0 < 0.1 \tag{3-47}$$

作为判断矩阵的一致性检验可接受，指标权重分配可靠。

5）计算管片接缝和变形缝指标权重

指标权重分配采用与评价盾构法综合管廊完好状况中管片接缝和变形缝权重分配相同的方法，具体分配为

$$W_{13} = \{0.5, 0.5\} \tag{3-48}$$

6）计算管廊附属结构中各指标权重

附属结构中指标权重采用与明挖法中相同的分配方法，具体分配为

$$W_2 = \{0.15, 0.05, 0.15, 0.10, 0.10, 0.10, 0.10, 0.15, 0.10\} \tag{3-49}$$

7) 盾构法综合管廊本体结构状况评价指标权重关系

盾构法综合管廊本体结构状况评价指标权重关系如图 3-10 所示。

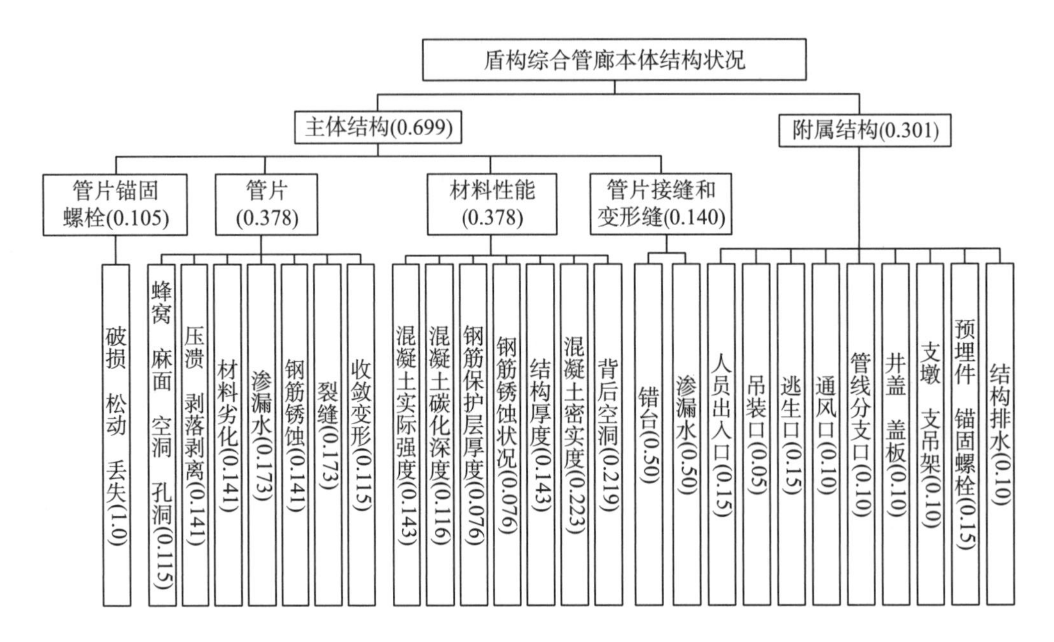

图 3-10 盾构法综合管廊本体结构状况评价指标权重关系

3.5.4 矿山法综合管廊状况评价体系指标权重计算

1. 矿山法综合管廊本体完好状况评价指标体系中指标权重计算

根据 3.3.3 节建立的矿山法综合管廊本体完好状况评价指标体系，分别计算不同层次，不同指标的权重。

(1) 计算主体结构、附属结构权重

$$W_v = \{0.699, 0.301\} \tag{3-50}$$

(2) 计算主体结构中廊体、施工缝和变形缝权重

$$W_1 = \{0.699, 0.301\} \tag{3-51}$$

(3) 计算廊体指标权重

$$W_{11} = \{0.115, 0.141, 0.141, 0.173, 0.141, 0.173, 0.115\} \tag{3-52}$$

(4) 计算施工缝和变形缝指标权重

$$W_{12} = \{0.5, 0.5\} \tag{3-53}$$

(5) 计算附属结构指标权重

$$W_{11} = \{0.15, 0.05, 0.15, 0.10, 0.10, 0.10, 0.10, 0.15, 0.10\} \tag{3-54}$$

(6)矿山法综合管廊本体完好状况评价指标权重关系如图 3-11 所示。

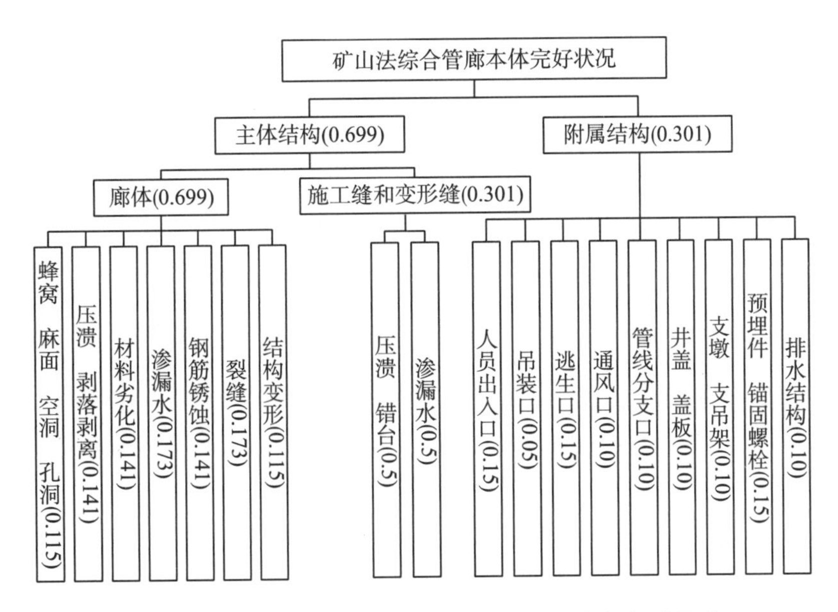

图 3-11 矿山法综合管廊本体完好状况评价指标权重关系

2. 矿山法综合管廊本体结构状况评价指标体系指标权重计算

根据 3.3.3 节建立的矿山法综合管廊本体结构状况评价指标体系，分别计算不同层次、不同指标的权重。

(1)计算主体结构、附属结构权重

$$W_v = \{0.699, 0.301\} \tag{3-55}$$

(2)计算主体结构中廊体、施工缝和变形缝、材料性能指标权重

$$W_1 = \{0.412, 0.176, 0.412\} \tag{3-56}$$

(3)计算廊体指标权重

$$W_{11} = \{0.115, 0.141, 0.141, 0.173, 0.141, 0.173, 0.115\} \tag{3-57}$$

(4)计算施工缝和变形缝指标权重

$$W_{12} = \{0.5, 0.5\} \tag{3-58}$$

(5)计算材料性能下各指标权重

$$W_{13} = \{0.184, 0.149, 0.098, 0.098, 0.184, 0.286\} \tag{3-59}$$

(6)计算管廊附属结构各指标权重

$$W_2 = \{0.15, 0.05, 0.15, 0.10, 0.10, 0.10, 0.10, 0.15, 0.10\} \tag{3-60}$$

(7)矿山法综合管廊本体结构状况评价指标权重关系如图 3-12 所示。

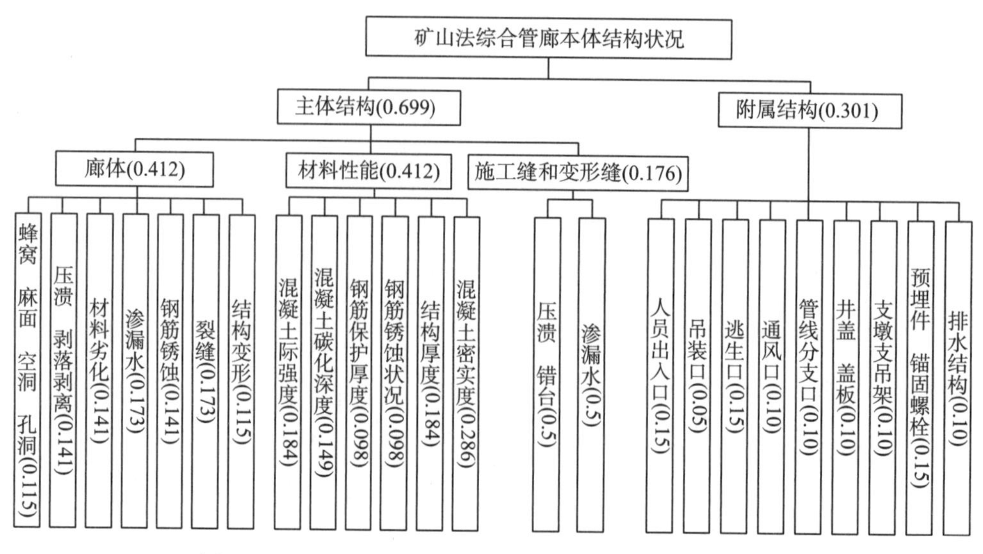

图 3-12 矿山法综合管廊本体结构状况评价指标权重关系

3.6 本 章 小 结

本章结合第 2 章中全国范围内的实地调研结果以及病害的特点及成因分析，制定评价指标的遴选原则；依据遴选原则，完成了城市综合管廊不同结构形式、不同需求层次、不同主次结构的评价指标选择；依据指标之间的从属关系，进行评价指标体系的构建；依据前面设计的城市综合管廊状况等级，同时也参考相关规范，对各指标进行了等级划分，使各指标与综合管廊状况等级建立联系；之后对比分析不同权重计算方式，计算各指标的权重分配。

(1) 影响综合管廊结构状况的指标因素众多，需要选择具有科学性、代表性的指标，为此，参考众多文献制定遴选原则。

(2) 以指标遴选原则为基础，结合城市综合管廊运营安全需求和结构安全需求，充分分析明挖法、盾构法和矿山法三种结构类型中主体结构和附属结构的破损形态，最后遴选了相应的评价指标。

(3) 根据遴选而来的评价指标之间的从属关系和层次关系，分别构建明挖法、盾构法和矿山法三种结构类型，基于运营安全需求和结构安全需求的评价指标体系。

(4) 为建立各评价指标与综合管廊状况之间的联系，参考公路隧道与城市轨道交通隧道相关技术规范，完成了各个评价指标进行分级判定标准的划分设计。

(5) 充分研究了常用的权重确定方法，选择了层次分析法的权重计算法和合适的标度，完成了各个评价体系中评价指标的权重分配计算。

4 城市综合管廊结构健康综合评价模型及方法

4.1 城市综合管廊结构健康综合评价理论与方法

对综合管廊结构健康状况进行综合评估是一项系统性和复杂性的工作，选用合适的评估方法和建立高效实用的评价模型是这项工作的重要环节。综合评价方法经过长时间的发展，目前已有的评价方法多达几十种，大致分为定性评价法、半定量评价法、定量评价法等三种类型，不同的评价方法所应对的评价场景各有不同。本节内容先就模糊综合评判、层次分析法、可拓健康学诊断、云模型理论分析、功效系数法、幂指数法等评价模型进行对比分析，结合城市综合管廊结构特点，选择合适的评价理论，指导综合管廊结构健康状况综合评价模型的建立。

4.1.1 常用综合评价方法概述

1. 模糊综合评价方法

模糊综合评价是指应用模糊集合论方法对决策活动所涉及的人、物、事、方案等进行多因素、多目标的评价和判断[77-85]。具体来讲，模糊综合评价就是以模糊数学为基础，应用模糊关系合成的原理，将一些边界不清、不易定量的因素定量化，从多个因素对被评价事物隶属等级状况进行综合性评价的一种方法。

1）基本原理

模糊综合评价方法的基本原理是：首先确定被评判对象的因素（指标）集合评价（等级）集；再分别确定各个因素的权重及它们的隶属度向量，获得模糊评价矩阵；最后把模糊评价矩阵与因素的权向量进行模糊运算并进行归一化，得到模糊评价综合结果[83]。可见，评判过程是由着眼因素和评语构成的二要素系统。由于实际评价对象能够抽象得到的着眼因素和最终评语的载体通常为自然语言，模糊性较强，因而要充分考虑模糊性复杂系统量化的现实意义，不宜用精确的数学语言描述。

2）基本步骤

（1）给出备选的对象集：$X=(x_1, x_2, \cdots, x_t)$。

(2) 找出因素集(指标集)：$U=(u_1, u_2, \cdots, u_t)$，表明我们对被评价事物从哪些方面进行评价描述。

(3) 找出评语集(等级集)：$V=(v_1, v_2, \cdots, v_n)$，这实际上是对被评价事物变化区间的一个划分。

(4) 确定评价矩阵：$\boldsymbol{R}=(r_{ij})_{m\times n}$。先通过调查统计确定单因素评价向量，调查群体样本容量要足够大且具有代表性。再通过各单因素评价向量得到评价模糊矩阵。r_{ij} 在实际的应用处理中可用许多方法确定，原则是尽量客观真实。

(5) 确定权重向量：$\boldsymbol{A}=(a_1, a_2, \cdots, a_m)$。

(6) 选择适当的合成算法进行模糊合成。常用的合成算法种类较多，实际应用中，应以现实问题的具体性质决定算子方式的选择，从而得出较为适宜的模糊综合评价合成算法。

(7) 分析评价结果。模糊综合评价的结果通常以模糊向量的形式表示，而非单个独立点值形式表示，因而内含信息更为丰富。若对多个事物比较并排序，则需进一步计算每个评价对象的综合分值，按大小排序，按序择优。将综合评价结果 B 转换为综合分值，便可按照其大小进行排序，从中挑选出最优者。

2. 层次分析法

层次分析法是指将决策问题的有关元素分解成目标、准则、方案等层次，用一定标度对人的主判断进行客观量化，在此基础上进行定性分析和定量分析的一种决策方法[77, 86]。层次分析法将人的思维过程层次化、数量化，并用数学作为分析、决策、预报或控制提供定量的依据，尤其适合于人的定性判断可发挥重要作用的、对决策结果难以直接准确计量的场合。

1) 基本原理

层次分析法的基本原理是：首先要把问题层次化。根据问题的性质和要达到的总目标，将问题分解为不同组成因素，并按照因素间的相互关联影响以及隶属关系将因素按不同层次聚集组合，形成一个多层次的分析结构模型。最后，将系统分析归结为最底层(供决策的方案、措施等)，相对于最高层(总目标)的相对重要性权值的确定或相对优劣次序的排序问题[87]。

综合评价问题即排序问题。在排序计算中，每一层次的因素相对于上一层次某一因素的单排序问题又可简化为一系列成对因素的判断比较。为将比较判断定量化，层次分析法引入了 1～9 标度法，并写成判断矩阵形式[73, 88]。形成判断矩阵后，即可通过计算判断矩阵的最大特征根及其对应的特征向量，计算出某一层对于上一层次某一个元素的相对重要性权值，在计算出某一层次相对于上一层次各个因素的单排序权值后，用上一层次因素本身的权值加权综合，即可计算出层次总排序权值。总之依次由上而下即可计算出最底层因素相对于最高层的相对重要性权值或相对优劣次序的排序值。

2) 基本步骤

层次分析法的基本模型主要包括明确问题、建立层次结构、构造判断矩阵及求解权向量、层次单排序及其一致性检验、层次总排序和确定决策等内容[77]。

(1) 明确问题：通过对系统的深刻认识，确定该系统的总目标，弄清决策问题所涉及的范围，所要采取的措施方案和政策，实现目标的准则、策略和各种约束条件等。

(2) 建立层次结构。应用层次分析法解决问题，首先要把问题条理化、层次化，根据各因素之间的联系，按照目标层、准则层和指标层建立相应的层次结构。

(3) 构造评价矩阵及确定权重。判断元素的量值反映出人们对各因素相对重要性的认识，一般采用 1～9 标度及其倒数的标度方法，并计算每个判断矩阵的权重向量和全体判断矩阵的合成权重向量。

(4) 层次单排序及其一致性检验。判断矩阵 $\boldsymbol{A}$ 的特征根问题 $\boldsymbol{A}\boldsymbol{w}=\lambda_{\max}\boldsymbol{w}$ 的解 $\boldsymbol{w}$，经归一化后即为同一层次相应因素对于上一层次某因素相对重要性的排序权值，这一过程称为层次单排序。为进行判断矩阵的一致性检验，需要计算一致性指标，如式(4-1)所示。

$$CI=\frac{\lambda_{\max}-n}{n-1} \tag{4-1}$$

当一致性比率满足式(4-2)时，可以认为层次单排序的结构有满意的一致性，否则需要调整判断矩阵的元素取值。

$$CR=\frac{CI}{RI}<0.10 \tag{4-2}$$

(5) 层次总排序及确定决策。计算各层元素对系统目标的合成权重，进行总排序，已确定结构图中最底层各个元素在总目标中的重要程度。应注意到，这一过程是从最高层次向最低层次逐层进行。

3. 可拓学健康诊断

可拓学[74, 77, 89, 90]是以矛盾问题为研究对象、以矛盾问题的智能化处理为主要研究内容、以可拓方法论为主要研究方法的一门新兴学科。矛盾问题智能化处理的研究对现代科学的发展具有重要意义。可拓学是哲学、数学和工程学的交叉学科；由于可拓学的研究对象存在于各个领域中，可拓学可以定位于如同信息论、控制论和系统论那样的横断学科。

1) 基本原理

可拓学是用形式化模型研究事物拓展的可能性和开拓创新的规律与方法，并用于解决矛盾问题的科学。可拓学的研究对象是矛盾问题，基本理论是可拓论，方法体系是可拓方法，逻辑基础是可拓逻辑，与各领域的交叉融合形成可拓工程。

可拓学以物元为基础建立模型来描述矛盾问题，以物元变换作为解决矛盾问题的手段，并在可拓集合中，通过建立关联函数对事物的量变和质变过程进行定量描述，即利用可拓域和临界元素对事物的量变和质变进行定量化的描述。物元和可拓集合两个概念为描述事物的属性及其转化，以及不具有某种性质的事物向具有某种性质的事物的转化过程提供了可能。

2）基本步骤

可拓学的基本模型主要蕴含于物元、事元、关系元和关联度等基本概念中[77, 89, 90]，基于可拓学的健康综合评价步骤包括确定经典域、节域和待评价物元矩阵；计算关联度以及确定评价等级。

（1）确定经典域、节域和待评价物元矩阵。根据分析积累的数据资料，选择评价指标，并确定其相应的变化范围，确定待评事物的经典域和节域，并确定待评事物的物元矩阵。

（2）计算关联度。

（3）确定评价等级。

4. 云模型理论

云模型[91]（cloud model）是一种处理定性概念和定量描述的不确定转换模型。模糊概念可表述为一个边界具有不同弹性的，收敛于正态分布函数的“云”。实质上，云是用语言值表示的某个定性概念与其定量表示之间的不确定性转换模型，云的数字特征可用期望值 E_x、熵 E_n 和超熵 H_e 三个数值来表征，它把模糊性和随机性完全集成到一起，构成定性和定量相互间的映射，为定性与定量相结合的信息处理提供了有力手段。所以它成为令人瞩目的处理模糊信息的有效工具。

1）基本原理

在随机数学和模糊数学的基础上，提出用“云模型”来统一刻画语言值中大量存在的随机性、模糊性以及两者之间的关联性，把云模型作为用语言值描述的某个定性概念与其数值表示之间的不确定性转换模型。以云模型表示自然语言中的基元——语言值，用云的数字特征——期望值 E_x、熵 E_n 和超熵 H_e 表示语言值的数学性质。

“熵”这一概念最初是描述热力学的一个状态参量，以后又被引入统计物理学、信息论、复杂系统等，用以度量不确定的程度。在云模型中，熵代表一个定性概念的可度量粒度，熵越大，粒度越大，可以用于粒度计算；同时，熵还表示在论域空间可以被定性概念接受的取值范围，即模糊度，是定性概念亦此亦彼性的度量。云模型中的超熵是不确定性状态变化的度量，即熵的熵。云模型既反映代表定性概念值的样本出现的随机性，又反映了隶属程度的不确定性，揭示了模糊性和随机性之间的关联[92-97]。

2）基本步骤

云模型是在模糊集合论和概率论两种数学理论相融合的基础上，通过定性概念与定量数值相互转换，构造出能对概念的模糊性、随机性及其关联性进行科学描述的数学模型。具体建模步骤如下：

（1）计算云模型特征值。

（2）选择合适的正、逆云生成器算法。

（3）确定云不确定性。

5. 功效系数法

功效系数法[98-104]又叫功效函数法。该方法首先根据多目标规划原理，把所要考核的各项指标按多档次标准，通过功效函数转化为可以度量的评价分数，然后根据评价对象进行总体评分，最后依据得分来判断优劣。

1)基本原理

设监测对象中某个监测域或监测点有 n 个传感器，进行了 m 小时的监测，获得如下原始监测数据阵 $\boldsymbol{X}$，如式(4-3)所示。

$$\boldsymbol{X}=\left(x_{ti}\right)_{m\times n}=\begin{bmatrix} x_{11} & x_{12} & \cdots & x_{1n} \\ x_{21} & x_{22} & \cdots & x_{2n} \\ \vdots & \vdots & \cdots & \vdots \\ x_{m1} & x_{m2} & \cdots & x_{mn} \end{bmatrix} \tag{4-3}$$

式中，$x_{ti}(t=1, 2, \cdots, m; i=1, 2, \cdots, n)$为 t 时刻第 i 个传感器的监测数据；X 中的每一行表示同一时刻不同传感器监测数据，每一列表示同一传感器不同时刻监测数据[101]。

在利用多个传感器同一时刻下监测对象的监测数据对其自身某项属性进行预警时，由于这些传感器的性质、度量单位、空间位置往往不同，不能单独使用某一传感器监测数据进行预警，也不能对传感器监测数据直接相加综合进行预警，需要通过一定的函数关系将其转化为同度量数据，同时考虑监测数据所占权重，将同度量数据进行加权综合，形成一个综合指标的预警预报。

2)基本模型及步骤

功效系数法把需要研究的目标根据不同的水平标准，利用效用函数量化为具体的评价分数，再赋予目标一定的权值进行加权平均，根据被评价对象的总体得分，从而评价研究对象的综合状况。

(1)选取评价指标。应用功效系数法的前提是建立被研究对象的评价指标体系，所确定的指标要相对独立且不能相同，要能真实地反映被评价对象的综合情况。

(2)确定满意值与不允许值。功效系数法要求确定每一个评价指标的上限(满意值)和下限(不允许值)，上限和下限是根据评价指标的类型确定的，对于边坡失稳这一趋势来说，满意值就是指边坡趋于失稳的极值；不允许值就是边坡稳定性状况良好时的经验值。

(3)确定评价指标的单项功效系数。确定评价指标体系之后，要首先计算各个评价指标的单项功效系数。对于不同类型的评价指标，也分别对应着 4 种不同的单项功效系数计算方法。

(4)计算总功效系数。求出各项指标的单项功效系数后，结合其他方法进行赋权，加权平均后得到评价目标的总功效系数。

6. 幂指数法

幂指数法[105-110]是由徐瑞恩提出的一种为评估武器系统的综合战斗能力，确定武器装备效能指数的评估方法。它是一个理性化的计算方法，认为武器系统的效能与它的各项指标效能之间存在着某种数量联系。

1）基本原理

用 C 表示能力，$X=(x_1, x_2, \cdots, x_n)$ 表示系统的 n 项效能指标，满足式(4-4)。

$$C=F(X) \tag{4-4}$$

其中，$F(X)$ 应满足如下条件[105]。

(1)连续性假设：认为 $F(X)$ 连续，即武器系统效能是随着武器系统性能的变化而变化。

(2)边际效益递减率：武器系统效能不能无限地增长，随着武器效能的增加，在同样数量的增加量 Δx 下武器系统效能的增加量越来越小，即 $F(X)$ 为凹函数。

(3)量纲一致性：武器效能由多种指标组成，它们有不同的量纲，但是效能指数是无量纲的，对于同一个效能指数，在不同的性能的量纲下会有不同的效能指数值，因此，需要一个度量一致性指标，以保证效能指数的一致性。

因此，满足上述三个要求的 $F(X)$ 的具体形式如式(4-5)所示。

$$F(X)=Kx_1^{w_1}x_2^{w_2}\cdots x_n^{w_n}\,(0\leqslant w_i\leqslant 1,\ i=1,\ 2,\ \cdots,\ n) \tag{4-5}$$

其中，w_i——幂指数。

x_i——影响武器装备作战能力的因素或性能指标。

K——调整系数，在比较不同武器装备之间的指数值或者统计由多种武器装备组成的战斗单位的指数值时，它为达到不同武器装备之间效能指数的一致性起着量级的调整作用，因此，也称为一致性调整系数。

2）基本步骤

(1)分析并找出影响武器装备作战能力的基本因素或性能指标。

(2)根据靶场数据、历史经验数据或模拟数据，采用专家调查法、层次分析法或其他方法、确定影响因素或性能指标的相对重要性参数，得到判断矩阵。

(3)检验判断矩阵的相容性，若相容性指标不符合要求，则检查原因，返回用特征向量法求出幂指数。

(4)最后得到武器装备效能指数的数学模型，根据数学模型计算武器装备的指数。

4.1.2 综合评价方法比较及选择

根据前文，将上述几种方法的优劣列于表 4-1。从主客观程度上讲，大致归为定性评价法、半定量评价法、定量评价法等三种类型。可以发现，前文介绍的几种方法基本均处于半定量评价到定量评价之间。

目前尚无真正完全定量化的理论模型或者方法，而理论性越强的模型，需要的严格假设就越多，定量化程度就越高，同时模型复杂程度、对数学应用的要求也就越高，工程适用性相对越弱。因此，考虑到城市综合管廊的工程背景和实际情况，我们认为模糊综合评价方法相对优势比较明显：①数学模型简单，易于掌握和使用；②对多因素、多层次的复杂问题评判效果比较好；③具有相对广泛的普适性，应用前景较好等特点。

表 4-1 综合评价方法特点汇总

方法名称	优势	不足
模糊综合评价方法	①数学模型简单，易于掌握和使用；②对多因素、多层次的复杂问题评判效果比较好；③具有相对广泛的普适性，应用前景较好	方法主要面向应用层面，理论性稍弱，未能彻底解决方法主观性的问题，仅属于半客观评价方法
层次分析法	①系统研究，分解判断，综合决策，清晰明确；②数学运算简单，结果简洁明确，容易为决策者了解和掌握；③定量与定性协同分析和判断，所需定量数据信息较少	①不能为决策提供新方案，无法从方案自身实现优化；②定量数据较少，主观性强；③指标过多时数据统计量大，且权重难以确定，丧失其客观性和科学性，导致决策失真
可拓学健康诊断法	从理论层面提出指导方向，落实到具体工程学上，层次分明，结构清晰	对数学要求较高，分类较细，名目众多，复杂程度过高，不适于正常工程应用
云模型理论法	①准确分类，分别建模，可以较好给出定性到定量的软模糊关系；②理论性较强，量化过程较符合现实的工程行为	①模型选取困难，正向、逆向云发生器算法与实际工程问题较难匹配；②该方法对数学要求较高，计算过程较为复杂
功效系数法	①能够根据评价对象的复杂性，兼顾不同侧面综合评分；②减少单一标准评价偏差，设置评价指标值范围，减少误差，客观反映目标绩效状况	①单项得分的评价标准很难确定，不易操作，理论上没有明确的满意值和不容许值；②满意值和不容许值的估算取值缺少恰当合适的标准，极易使评价丧失具体意义
幂指数法	多指标直接幂乘，方式简洁方便	专业性过强，应用领域较窄

同时，该方法将主观经验评估和客观统计及定量计算相结合，尽管无法完全摒弃主观方面的影响，但从应用层面来看，精度已经满足正常的工程要求，相对于层次分析法和功效系数法而言，主观性更弱且决策不易失真；相对于可拓学健康诊断法和云模型理论法而言，模型简单实用，亦无须考虑具体工程对应算法的选择适用问题；针对幂指数法单一领域的适用局限性而言，模糊综合评价方法目前在管理、土木、机械等诸多科学领域已达成深层次、宽范围的多项应用，逐渐成为一门成熟的普适评估方法。因此，后文将以模糊综合评价方法为骨架，构建适用于城市综合管廊的结构健康评价方法。

4.2 模糊综合评价中关键因素的确定

4.2.1 隶属函数的确定

隶属函数是对模糊概念的定量描述，正确地确定隶属函数，是运用模糊综合评价理论解决实际问题的关键。隶属函数的确定过程应该是客观的，但是每个人对统一模糊概念的理解都存在一定差异，所以在确定隶属函数时又带有主观性，依据经验或统计进行确定，且隶属函数的形式也不尽相同。尽管隶属函数存在主观性，但是隶属函数可以客观反映事物归属性的变化趋势，在解决和处理实际模糊信息的问题中仍然殊途同归。当前常用的几种隶属函数如下所示[111-112]：

1. 模糊统计法

模糊统计法借用概率统计的思想，通过大量实验来确定隶属函数，主要的步骤为：确定讨论范围 U 和讨论因素 u_0；在试验时，根据模糊概念 $A_{\sim}$ 在讨论范围 U 内随机确定 n 确切的集合 $\boldsymbol{A}_*$；统计 $\boldsymbol{A}_*$ 覆盖 u_0 的次数 m，在试验此处足够多时，m/n 会趋于稳定，则 u_0 隶属于模糊概念 $A_{\sim}$ 的隶属度为 m/n，由此确定模糊概念的 $A_{\sim}$ 的隶属函数。

2. 专家经验法

专家经验法是根据专家的实际经验给出的模糊信息的处理算式，或相应的全系数值来确定隶属函数的一种方法。通常情况下，初步确定的隶属函数会与实际情况存在一定偏差，需要通过“学习”和实践逐步修改和完善，经过调整和完善后的隶属函数一般较为贴合实际应用效果。

3. 模糊分布法(指派法)

模糊分布法类似概率统计，根据实际情况，套用较为成熟的模糊分布函数，然后根据实际的数据确定各分布函数汇总的参数。常用的分布函数类型有：矩阵型，梯形型，K 次抛物线型，正态分布型和柯西(Cauchy)分布型等等，相应的隶属函数如表 4-2 所示。

表 4-2 常用的隶属函数

类型	降半型	中间型	升半型
矩阵型	$\mu_A=\begin{cases}1 & x\leqslant a\\ 0 & x>a\end{cases}$	$\mu_A=\begin{cases}1 & a\leqslant x<b\\ 0 & x<a,x\geqslant b\end{cases}$	$\mu_A=\begin{cases}1 & x\geqslant a\\ 0 & x<a\end{cases}$
梯形型	$\mu_A=\begin{cases}1 & x\leqslant a\\ \dfrac{b-x}{b-a} & a<x<b\\ 0 & x\geqslant b\end{cases}$	$\mu_A=\begin{cases}\dfrac{x-a}{b-a} & a<x<b\\ 1 & b\leqslant x\leqslant c\\ \dfrac{d-x}{d-c} & c<x<d\\ 0 & 0<x\leqslant a,x\geqslant d\end{cases}$	$\mu_A=\begin{cases}0 & x<a\\ \dfrac{x-a}{b-a} & a\leqslant x\leqslant b\\ 1 & x>b\end{cases}$
K 次抛物线型	$\mu_A=\begin{cases}1 & x\leqslant a\\ \left(\dfrac{b-x}{b-a}\right)^k & a<x<b\\ 0 & x\geqslant b\end{cases}$	$\mu_A=\begin{cases}\left(\dfrac{x-a}{b-a}\right)^k & a<x<b\\ 1 & b\leqslant x\leqslant c\\ \left(\dfrac{d-x}{d-c}\right)^k & c<x<d\\ 0 & 0<x\leqslant a,x\geqslant d\end{cases}$	$\mu_A=\begin{cases}0 & x<a\\ \left(\dfrac{x-a}{b-a}\right)^k & a\leqslant x\leqslant b\\ 1 & x>b\end{cases}$
正态分布型	$\mu_A=\begin{cases}1 & x>a\\ \exp\left\{-\left(\dfrac{x-a}{\sigma}\right)^2\right\} & x\leqslant a\end{cases}$	$\mu_A=\exp\left\{-\left(\dfrac{x-a}{\sigma}\right)^2\right\}$	$\mu_A=\begin{cases}0 & x\leqslant a\\ 1-\exp\left\{-\left(\dfrac{x-a}{\sigma}\right)^2\right\} & x>a\end{cases}$
柯西分布型	$\mu_A=\begin{cases}1 & x\leqslant a\\ \dfrac{1}{1+\alpha(x-a)^\beta} & x>a\end{cases}$	$\mu_A=\dfrac{1}{1+\alpha(x-a)^\beta}$	$\mu_A=\begin{cases}0 & x\leqslant a\\ \dfrac{1}{1+\alpha(x-a)^\beta} & x>a\end{cases}$

由于目前还无法用理论来证明对隶属函数选择效果的好坏，主要是根据实践经验来选取。对于定性指标和隶属度为明集非模糊集合的单值选择问题，由于其描述多为语言变量进行数字赋值，为方便起见，可采用单值型。对于定量指标和隶属度为模糊集的问题，柯西分布具有运算简单隶属变化趋势合理等优点，同时依据相似的经验[75]，本次研究采用柯西分布型作为主要的隶属度计算函数，函数图像如图 4-1 所示。

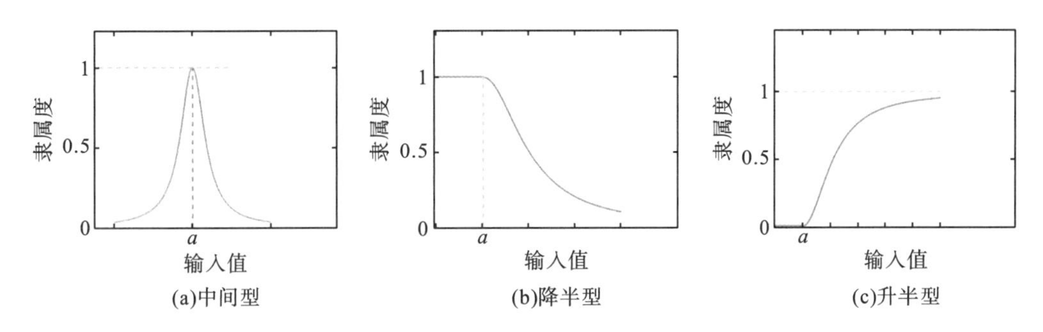

图 4-1 三种柯西分布型函数图像

柯西分布型隶属函数中 x 表示输入值，μ_A 表示输出的隶属度，a 表示为分解分界点，由各个指标的分级标准来确定，α 和 β 为参数，一般由经验确定。α 的取值按照最清晰原则和最模糊原则，认为区间中点为最清晰状态，隶属度为 1，两端点为最模糊状态，隶属度最为接近 0.5；通过计算调整 α 的值，使其满足条件。

4.2.2 模糊综合评价算子的确定

权重向量 $\boldsymbol{\omega}$ 模糊关系矩阵 $\boldsymbol{R}$ 进行模糊运算可得到模糊综合评价向量 $\boldsymbol{Z}=\boldsymbol{\omega}\circ\boldsymbol{R}$：

$$Z_j=(\omega_1*r_{1j})\otimes(\omega_2*r_{2j})\otimes\cdots\otimes(\omega_m*r_{mj})\quad(j=1,2,\cdots,n) \tag{4-6}$$

其中，“$\circ$”为模糊合成算子 $M(*,\otimes)$，由两部分运算组成，第一步运算“$*$”用于 ω_i 对 r_{ij} 的修正，第二步运算“$\otimes$”用于修正后的 r_{ij} 的综合。

常用的模糊综合算子有以下几种：

(1) 主因素决定型——$M(\wedge,\vee)$。

$$Z_j=\bigvee_{i=1}^{m}(\omega_i\wedge r_{ij})=\max_{1\leqslant i\leqslant m}\left\{\min(\omega_i,r_{ij})\right\}\quad(j=1,2,\cdots,n) \tag{4-7}$$

采用取大取小算子进行模糊综合计算时，通过比较 ω_i 和 r_{ij} 的大小，选择其中相对较小或较大的一个值代表综合状况。这一模糊综合评价算子是一种比较迟钝的算子，存在较多的盲点，即评价过程中忽略了较多的信息；而由于这些盲点，合成值不能随着单项评价值的变化而变化，也不能受权重改变的影响，这使得权重分配失去意义；在计算过程中，算子的计算结果所代表的意义混乱，在一定程度上不能称为算子。综上所述，使用这一算子计算得到的结果偏离实际，一定程度上失去综合评价的意义。

(2) 主因素突出型——$M(g,\vee)$。

$$Z_j = \bigvee_{i=1}^{m}(\omega_i \cdot r_{ij}) = \max_{1\leqslant i\leqslant m}\left\{\left(\omega_i r_{ij}\right)\right\} \quad (j=1,2,\cdots,n) \tag{4-8}$$

算子 $M(g,\vee)$ 和 $M(\wedge,\vee)$ 比较接近，区别在于算子 $M(g,\vee)$ 应用普通实数乘积 $\omega_i r_{ij}$，代替算子 $M(\wedge,\vee)$ 的取小运算 $\omega_i \wedge r_{ij}$，也就是用对 r_{ij} 作用一个小于 1 的系数代替规定一个上限，因而，此时的 ω_i 是在考虑多因素时 r_{ij} 的修正系数。但是，同样因为在决定的过程中采用了 Z_j 时取大算子，为了突出主因素的影响作用，而忽略了其他一些影响相对较小的因素。主因素突出型算子在某一因素的权重占绝对优势或者某一因素极大影响评价结果时较为实用，但是在因素较多而且权重分配较为均衡时，评价结果片面，严重失真。综上所述，虽然该算子考虑了权重分配的影响作用，但是考虑得相对片面，需要根据实际的权重分配来决定是否采用此算子。

(3) 不均衡平均型——$M(\vee,\oplus)$。

$$Z_j = \bigoplus_{i=1}^{m}(\omega_i \wedge r_{ij}) = \min\left\{1,\sum_{i=1}^{m}\min(\omega_i, r_{ij})\right\} \quad (j=1,2,\cdots,n) \tag{4-9}$$

其中，“$\oplus$”为有界和运算，及在有界限制下的普通加法运算。对 l 个实数 x_1, x_2, $\cdots$, x_l 有

$$x_1 \oplus x_2 \oplus \cdots \oplus x_n = \left\{1,\sum_{i=1}^{m}x_k\right\} \tag{4-10}$$

由于权重分配满足 $\sum_{i=1}^{m}\omega_i = 1$，因此 $\sum_{i=1}^{m}\min(\omega_i, r_{ij}) \leqslant 1$，则有

$$Z_j = \bigoplus_{i=1}^{m}(\omega_i \wedge r_{ij}) = \sum_{i=1}^{m}\min(\omega_i, r_{ij}) \quad (j=1,2,\cdots,n) \tag{4-11}$$

这里运算“$\oplus$”与普通加法运算一致。可以看到，和算子 $M(\wedge,\vee)$ 相同，$M(\vee,\oplus)$ 算子也是规定上限 ω_i 以修正 r_{ij}，区别在于这里是对各修正值作有界和运算以求 Z_j。形式上这个算子也是一种考虑各种因素的综合评价方法，然而这种有界和运算的办法在很多情况下并不理想，因为当各 ω_i 取值较大时，重要的一些 Z_j 值将等于上界 1；当各 ω_i 取值较小时，重要的 Z_j 值将等于各 ω_i 之和。综上所述，该算子所设置的上界，将会限制重要因素对评价结果的表达，会放大影响程度较小的因素的评价结果，造成评价结果的偏差，不能全面且完整地表达综合评价结果。

(4) 加权平均型 $M(g,\oplus)$，这种算子采用实数乘积和有界和运算。

$$Z_j = \bigoplus_{i=1}^{m}(\omega_i \wedge r_{ij}) = \min\left\{1,\sum_{i=1}^{m}\min(\omega_i, r_{ij})\right\} \quad (j=1,2,\cdots,n) \tag{4-12}$$

由于 $\sum_{i=1}^{m}\omega_i = 1$，则 $\sum_{i=1}^{m}\omega_i r_{ij} \leqslant 1$，所以有界和运算“$\oplus$”变为一般实数加法，形成真正的加权平均型算子 $M(g,+)$。

$$z_j = \sum_{i=1}^{m}\omega_i r_{ij} \tag{4-13}$$

从式 (4-12) 可以看出，该模型同时考虑了所有因素的影响，通过权重表达了各个因素对最终结果的影响，按权重大小均衡兼顾，体现了整体特性。综上所述，加权平均型算子，

通过积-和运算，考虑所有因素的实际表达和重要性程度表达，通过该算子计算得到的评估结果综合性比较好。

对于同一个评价对象，采用不同的模糊算子进行评价，评价结果可能不同。因此，在实际评价过程中，应根据被评价对象的特点，来选择合适的模糊算子。四种算子的特点如表 4-3 所示。

表 4-3 四种模糊算子的比较

比较内容	算子			
	$M(\wedge,\vee)$	$M(g,\vee)$	$M(\vee,\oplus)$	$M(g,\oplus)$
体现权数作用	不明显	明显	不明显	明显
综合程度	弱	弱	弱	强
利用 R 信息	不充分	不充分	比较充分	充分
类型	主因素决定型	主因素突出型	不均衡平衡型	加权平均型

通过对比分析以上四种综合评价模型的基本原理与适用环境，各个模型的使用环境差异较大，其中主因素决定型和主因素突出型适用于各因素差异较大的环境中，对评价结果的精确性要求较低，只要求进行定性评价，当需要更为精确结果时，则还需要对模型进行改进。加权评价模型可以依照各因素的权重大小实现对所有因素的兼顾，适用于考虑所有因素的作用的评价模型中。对城市综合管廊本体状况进行综合评价时，则需要将所有因素都进行考虑，也考虑了各个因素对于总体目标的影响程度，且需要一个较为精确的定量结果来反映城市综合管廊结构的健康状况，这符合加权平均综合评价模型的适用环境，所以选择采用加权平均模型—— $M(g,+)$ 进行模糊综合评价。

4.2.3 模糊综合评价结果分析

通过以上的模糊综合评价模型进行评价，最终得到评价结果为一个模糊向量，并非一个点值，所包含的信息更为丰富，但是在实际的工程应用中，得到的以向量形式表现的评价结果并不如以点值形式表现直接，所以通常需要采用适当的方法对评价结果向量进行集化处理，使其更适用实际工程应用。常用的集化方法有以下几种。

1. 最大隶属度原则

对模糊综合评价结果向量 $\boldsymbol{Z}=\{z_1,z_2,\cdots,z_n\}$，若 $z_r=\max\limits_{1\leqslant j\leqslant n}\{b_j\}$，则被评价对象从总体上来讲隶属于第 r 等级。这是实际中最常用的方法，选择最大的结果代替整体结果，这一方法相对简单直接，但是该方法并未充分利用模糊向量中的所有信息，因此应用最大隶属度原则时应考虑它的适用度。

2. 中位数原则

设$r=\min\left\{j\middle|\theta_j>0.5\right\}$，式中$\theta_j=\sum_{k=1}^{j}z_k(j=1,2,\cdots,n)$，则将被评价对象定为第$r$等级。这种方法利用了部分模糊综合评价结果向量中的信息，但结果不是很精确，有很大的局限性。

3. 模糊向量单值化

将各评价等级赋以具体分值，然后用模糊综合评价结果向量中对应的隶属度将分值加权平均就可以得到一个点值。设给n个等级依次赋以分值x_1，x_2，$\cdots$，x_n。且分值间距相等，则模糊综合评价向量可单值化为

$$F=\frac{\sum_{j=1}^{n}z_jx_j}{\sum_{j=1}^{n}z_j} \tag{4-14}$$

有F的值可评定被评价对象的级别。通常，X_j的值可根据实际问题的要求来确定。模糊向量单值化充分利用了模糊综合评价结果中的信息，兼顾了整体特性，故本次研究将采用此方法。

4.2.4 综合管廊结构健康等级划分

在完成城市综合管廊结构健康状况的评价之后，得到的是一个以点值形式表示的结果，这一结果所表示的含义并不是很明确，在实际工程中也无法指导养护管理单位采取合适的维护措施，因此需要对评价结果进行分级，并确定各等级所对应的维修养护对策。综合管廊结构的健康等级划分数量适宜将可以有效提高运营维护工作的针对性和效率。反之，若健康等级划分过多，将会对病害检测和健康评级带来更大的困难，且过于细致的等级划分对隧道养护来说是没有必要的，会浪费评估的精力；健康等级划分过少，则会使病害对综合管廊造成的破坏程度区别度不够，从而无法逐级对症下药，不能及时修复。本节将就城市综合管廊健康等级划分问题进行研究。

1. 工程常用等级划分方法

目前，有关综合管廊健康等级划分的研究相对较少，但有关隧道健康等级的划分方式较多且成熟，所以，建立综合管廊健康等级划分方式，可以借鉴隧道结构的研究成果。目前国内外依据不同工程情况，有多重等级划分方式，包括三级、四级、五级、十级等，接下来将简单为以上几种方法进行阐述。

1）三级划分法

德国的铁路隧道设计、施工与养护规范（DS853）标准将隧道结构健康分为三级，用损

伤代码 1、2、3 表示，数字越大，损伤程度越高。

日本公路隧道在检查阶段使用三级健康划分法[113]，用代码 A、B、C 表示，具体分级情况如表 4-4 所示。

表 4-4 日本公路隧道(检查阶段)健康分级表

健康等级	等级特征
A	变异显著，不能确保通行安全，应立即进行紧急修复
B	有一定程度变异，是否需要修复应进行安全监测和检查
C	无变异或轻微变异，对结构安全无影响

2) 四级划分法

四级划分法在隧道健康评估中的应用较为广泛，此处列举几类常用典型标准。

日本公路隧道在调查和检查阶段，将隧道结构健康度划分为 3A、2A、A、B 四个等级[113]，如表 4-5、表 4-6 所示。

表 4-5 日本公路隧道(调查阶段)健康分级表

健康等级	等级特征
3A	变异显著，对通行安全有影响，应立即进行紧急修复
2A	有变异，且在发展中，迟早会对通行造成影响，应及时修复
A	有变异，有可能在未来对通行造成影响，应加强监视
B	无变异，或轻微变异，保持监视

表 4-6 日本公路隧道(调查阶段)健康分级判断标准

健康等级	判定因素				采取措施
	通行程度	结构安全	维修程度	变异程度	
3A	受阻	不安全	很大	严重	立刻
2A	迟早受阻	迟早不安全	大	将会变严重	尽早
A	有可能受阻	可能不安全	中等	可能变严重	重点观察
B	通畅	安全	容易	轻微	观察

3) 五级划分法

日本对水工隧道结构安全度的判定以五级划分，如表 4-7 所示。1999 年，日本建设省以衬砌混凝土的剥落作为隧道劣化程度的标准，对其进行了五级划分[114]，如表 4-8 所示。

表 4-7 日本水工隧道结构健康分级表

健康等级	等级特征
5 级	改建
4 级	下次断水时改建
3 级	再次断水时改建
2 级	进行监视
1 级	一般检查

表 4-8 日本(基于衬砌混凝土剥落的)隧道劣化程度分级表

健康等级	判定标准
Ⅰ	衬砌明显剥落，须立即进行维修
Ⅱ	多处可能发生剥落，敲击声异常，需讨论是否需要维修
Ⅲ	部分可能发生剥落，敲击声异常，需继续观察
Ⅳ	有可能存在开裂、剥离、锯齿状变异
Ⅴ	没有剥落迹象，衬砌完好

我国城市轨道交通隧道结构定期检查或专项检查时，将隧道结构健康度分为 5 个等级，如表 4-9 所示，该划分方法的判定标准如表 4-10 所示；常规定期检查时，基于明挖隧道主体结构的材料劣化状况对隧道结构健康等级分为 5 个等级，如表 4-11 所示。

表 4-9 中国城市轨道交通隧道结构健康等级划分表

健康等级	等级特征
5 级	改建
4 级	下次断水时改建
3 级	按需要实施特殊监测，依据监测结果确定是否采取维护措施
2 级	按需要限制使用，尽快采取维护措施，实施特殊监测
1 级	立即限制使用，进行维修、更换，实施特殊监测

表 4-10 中国城市轨道交通隧道结构健康分级判定标准

健康等级	判定因素			
	病害程度	病害发展趋势	病害对运营的影响	病害对隧道结构的影响
1 级	无	无	无影响	无影响
2 级	轻微	趋于稳定	目前尚无影响	目前尚无影响
3 级	中等	较慢	将来影响运营安全	将来影响隧道结构安全
4 级	较严重	较快	严重影响运营安全	严重影响隧道结构安全
5 级	严重	迅速	严重影响运营安全	严重影响隧道结构安全

表 4-11 明挖法城市轨道交通隧道(基于材料劣化状况)健康等级划分表

健康等级	评定标准
5 级	材料劣化导致混凝土起鼓
4 级	材料劣化导致混凝土酥松、起鼓，存在掉块的可能性
3 级	材料劣化导致混凝土表面多处出现起毛、酥松
2 级	材料劣化引起少量轻微的起毛、酥松
1 级	无

我国公路隧道定期检查将隧道结构健康度划分为 1～5 类五个等级，如表 4-12 所示。

表 4-12 中国公路隧道土建结构技术状况评定类别

类别	类别描述
1 类	完好状态。无异常情况，或异常情况轻微，对交通安全无影响
2 类	轻微破损。存在轻微破损，现阶段趋于稳定，对交通安全不会有影响
3 类	中等破损。存在破坏，发展缓慢，可能会影响行人、行车安全
4 类	严重破损。存在较严重破坏，发展较快，已影响行人、行车安全
5 类	危险状态。存在严重破坏，发展迅速，已危及行人、行车安全

4) 十级划分法

美国《公路和铁路交通隧道检查手册》中，将隧道结构健康程度划分为十级，用 0～9 表示，数字越大，结构安全度越高，如表 4-13 所示。

表 4-13 美国公路和铁路隧道结构健康分级表

健康等级	评定标准
9	新结构
8	结构非常安全，无缺陷
7	结构比较安全，只有少量缺陷
6	介于 5 和 7 之间
5	结构比较安全，有少许缺陷，应进行及时少量的维护，没有显著的缺陷
4	介于 3 和 5 之间
3	结构不安全，结构不能正常工作，有显著的缺陷
2	结构很不安全，严重影响通行和人员安全，应当立即修复
1	结构处于危险状态，结构物立即停用，论证修复的可行性
0	结构毁坏，立即停用

2. 城市综合管廊结构健康等级划分方法

城市综合管廊结构在结构形式上与城市轨道交通隧道相同，有明挖法、矿山法和盾构法等类型，且两者所处的地质条件在一定程度上相同，在病害类型、病害成因等方面具有相似性。因此，可借鉴城市轨道交通隧道结构健康等级分级方式，建立城市综合管廊本体完好状况以及本体结构状况的健康等级划分方式，如表 4-14 和表 4-15 所示。

表 4-14　城市综合管廊本体完好状况健康等级分级表

健康等级	评定标准
A 级	无缺损，常规保养
B 级	本体轻微缺损，影响日常运营，按需要进行保养维护
C 级	本体缺损一般，影响管线安全运行，需要制定计划进行局部维修
D 级	本体缺损较严重，对管线运营造成严重威胁，需要立即处治
E 级	本体缺损严重，管线无法继续运行，需要进行更换改造

表 4-15　城市综合管廊本体结构状况健康等级划分表

健康等级	评定标准
A 级	无缺损，常规保养
B 级	结构轻微缺损，影响日常运营，按需要进行保养维护
C 级	结构缺损一般，影响管线安全运行，需要制定计划进行局部维修
D 级	结构破损较严重，对管线运营造成严重威胁，需要立即处治
E 级	结构破损严重，无法使用，需要进行更换改造

4.3 明挖法综合管廊模糊评价模型建立

4.3.1 明挖法综合管廊本体完好状况模糊综合评价模型

在 3.3.1 节构建的明挖法综合管廊本体完好状况评价指标体系是一个多层指标体系，且主体结构与附属结构的指标层次不同，所以在进行一级模糊综合评价时，主体结构与附属结构不能一概而论，需要分别进行。进行二级模糊综合评价时，再将主体结构和附属结构综合考虑，最终完成明挖法综合管廊本体完好状况的评价。

1. 一级模糊综合评价

1) 建立评价指标集

根据前文建立的明挖法综合本体完好状况评价指标体系，主体结构和附属结构的评价指标集分别有：

(1) 主体结构评价指标集：

$$U_1=\{u_{111},u_{112},\cdots,u_{117},u_{121},u_{122}\} \tag{4-15}$$

(2) 附属结构评价指标集：

$$U_2=\{u_{21},u_{22},\cdots,u_{29}\} \tag{4-16}$$

表示指标层各指标。

2) 建立评语等级集合

利用城市综合管廊本体完好状况等级衡量被评价指标的表现及评价目标的完好状况。因此，设评语等级集合为

$$V=\{v_1,v_2,v_3,v_4,v_5\} \tag{4-17}$$

根据本书 4.2.4 节设计的城市综合管廊健康等级，集合中 v_1、v_2、v_3、v_4、v_5，分别表示完好状况等级 A、B、C、D、E。

3) 确定单因素评价矩阵

主体结构和附属结构的评价指标各不相同，分别利用隶属函数建立指标 U_i 对评语集合 V 的属向量 $\boldsymbol{R}_u$。

(1) 主体结构建立的隶属向量。

廊体结构建立的隶属向量：

$$\boldsymbol{R}_{u11i}=\begin{pmatrix}r_{u11i1} & r_{u11i2} & r_{u11i3} & r_{u11i4} & r_{u11i5}\end{pmatrix} \quad (i=1,2,\cdots,7) \tag{4-18}$$

施工缝和变形缝建立的隶属向量：

$$\boldsymbol{R}_{u12i}=\begin{pmatrix}r_{u12i1} & r_{u12i2} & r_{u12i3} & r_{u12i4} & r_{u12i5}\end{pmatrix} \quad (i=1,2) \tag{4-19}$$

(2) 附属结构建立的隶属向量。

$$\boldsymbol{R}_{u2i}=\begin{pmatrix}r_{u2i1} & r_{u2i2} & r_{u2i3} & r_{u2i4} & r_{u2i5}\end{pmatrix} \quad (i=1,2,\cdots,9) \tag{4-20}$$

由隶属向量 $\boldsymbol{R}_u$ 即可建立主体结构和附属结构的单因素评价矩阵 $\boldsymbol{R}'_u$。

4) 模糊综合评价模型

模糊综合评价是通过模糊算子建立模糊综合评价模型的过程。此处选用加权平均型模糊综合评价模型，该模型既考虑了所有因素的影响，也保留了单因素评价的全部信息，模型的建立过程相当于矩阵相乘，如下所示

$$\boldsymbol{W}\times\boldsymbol{R}'=\boldsymbol{R} \tag{4-21}$$

式中，$\boldsymbol{W}$ 代表权重向量，$\boldsymbol{R}'$ 代表单因素评价矩阵，$\boldsymbol{R}$ 代表相应的准则层因素对评语集合 V 的隶属向量。

有个单因素评价矩阵 $\boldsymbol{R}'_u$ 与其相应的权重向量 $\boldsymbol{W}_u$，可得出各因素对评语集合 V 的隶属向量为 $\boldsymbol{R}_u=\boldsymbol{W}_u\times\boldsymbol{R}'_u$。

2. 二级模糊综合评价

将前面得到的一级模糊综合评价结果 R'_u 视为单因素评价向量，由各评价向量 $\boldsymbol{R}'_b$ 可组成二级模糊综合评价矩阵，由相应的二级权重向量和二级模糊综合评价矩阵相乘，即可得模糊综合评价结果向量 $\boldsymbol{Z}$：

$$\boldsymbol{Z}=\boldsymbol{W}_v\times\begin{pmatrix}\boldsymbol{R}_{u1}^{\mathrm{T}} & \boldsymbol{R}_{u2}^{\mathrm{T}}\end{pmatrix}^{\mathrm{T}} \tag{4-22}$$

3. 模糊向量单值化

分别给评语 v_1、v_2、v_3、v_4、v_5 赋值 5、4、3、2、1，则

$$F=\frac{5\times z_1+4\times z_2+3\times z_3+2\times z_4+1\times z_5}{z_1+z_2+z_3+z_4+z_5} \tag{4-23}$$

采用均分方法确定 5 个健康等级的评分区间，见表 4-16。

表 4-16 本体完好状况量化分级表

等级	健康状况	等级向量	评分区间
A	无缺损，常规保养	5	4.2～5.0
B	本体轻微缺损，影响日常运营，按需要进行保养维护	4	3.4～4.2
C	本体缺损一般，影响管线安全运行，需要制定计划进行局部维修	3	2.6～3.4
D	本体缺损较严重，对管线运营造成严重威胁，需要立即处治	2	1.8～2.6
E	本体缺损严重，管线无法继续运行，需要进行更换改造	1	1.0～1.8

4. 算例

某明挖法综合管廊长为 1000m，进行常规定期检测时，其中某一防火区间检测结果如表 4-17 所示，对该防火区间的本体完好状况进行综合评价。

1) 确定单因素评价矩阵

(1) 廊体

①廊体的影响因素中有蜂窝麻面、材料劣化、渗漏水、钢筋锈蚀、裂缝为定性指标，这些指标隶属向量采用单值型方法确定。

定性指标的隶属向量，因此则有

$$\boldsymbol{R}_{u111}=\begin{pmatrix}0 & 0 & 1 & 0 & 0\end{pmatrix} \tag{4-24}$$

$$\boldsymbol{R}_{u113}=\begin{pmatrix}1 & 0 & 0 & 0 & 0\end{pmatrix} \tag{4-25}$$

$$\boldsymbol{R}_{u114}=\begin{pmatrix}0 & 1 & 0 & 0 & 0\end{pmatrix} \tag{4-26}$$

$$\boldsymbol{R}_{u115}=\begin{pmatrix}0 & 1 & 0 & 0 & 0\end{pmatrix} \tag{4-27}$$

$$\boldsymbol{R}_{u116}=\begin{pmatrix}0 & 1 & 0 & 0 & 0\end{pmatrix} \tag{4-28}$$

表 4-17 某明挖法综合管廊结构一防火区间检测结果

结构部位		检测项目	检测结果	结构部位	检测项目	检测结果
主体结构	廊体	蜂窝麻面	缺陷明显	附属结构	人员出入口	无
		压溃剥落	直径为 40mm		吊装口	出现滴漏
		材料劣化	无		逃生口	轻微锈蚀
		渗漏水	浸渗，pH 值为 7.3		通风口	无
		钢筋锈蚀	表层轻微锈迹		管线分支口	无

续表

结构部位		检测项目	检测结果	结构部位	检测项目	检测结果
主体结构	廊体	裂缝	轻微开裂	附属结构	井盖、盖板	轻微破损
		结构变形速率	暂无		支墩、支吊架	轻微破损
	施工缝和变形缝	压溃错台	c=10mm		预埋件、锚固螺栓	无
		渗漏水	湿渍，pH 值为 7.2		排水结构	轻微破损

②压溃剥落。压溃剥落指标的分级以压溃剥落范围的直径大小为依据，根据 4.2.2 节中有关建立隶属函数的原则，构建压溃剥落指标的隶属函数。

确定的隶属函数如下：

$$\mu_2=\begin{cases}1 & x\leqslant 1\\ \dfrac{1}{1+0.0004(x-1)^2} & x>1\end{cases} \tag{4-29}$$

$$\mu_3=\frac{1}{1+0.0065(x-62.5)^2} \tag{4-30}$$

$$\mu_4=\frac{1}{1+0.0007(x-112.5)^2} \tag{4-31}$$

$$\mu_5=\begin{cases}0 & x\leqslant 112.5\\ \dfrac{1}{1+1400(x-112.5)^{-2}} & x>112.5\end{cases} \tag{4-32}$$

则有

$$\boldsymbol{R}_{u112}=\begin{pmatrix}0 & 0.582 & 0.218 & 0.200 & 0\end{pmatrix} \tag{4-33}$$

③结构变形速率指标，由于本次检测实例中，暂未统计到具体数值，所以其隶属向量为

$$\boldsymbol{R}_{u117}=\begin{pmatrix}0 & 0 & 0 & 0 & 0\end{pmatrix} \tag{4-34}$$

(2) 施工缝和变形缝。

①施工缝和变形缝中的渗漏水为定性指标，指标隶属向量采用单值型，则有

$$\boldsymbol{R}_{u122}=\begin{pmatrix}0 & 1 & 0 & 0 & 0\end{pmatrix} \tag{4-35}$$

②压溃错台。施工缝和变形缝的压溃错台指标的分级以错台量为主，以压溃状况修正为辅，以此评判，以错台量为基础构建隶属度函数：

$$\mu_2=\begin{cases}1 & x\leqslant 5\\ \dfrac{1}{1+0.004(x-5)^2} & x>5\end{cases} \tag{4-36}$$

$$\mu_3=\frac{1}{1+0.04(x-25)^2} \tag{4-37}$$

$$\mu_4=\frac{1}{1+0.04(x-35)^2} \tag{4-38}$$

$$\mu_5 = \begin{cases} 0 & x \leqslant 30 \\ \dfrac{1}{1+100(x-30)^{-2}} & x > 30 \end{cases} \tag{4-39}$$

则有

$$\boldsymbol{R}_{u112} = \begin{pmatrix} 0 & 0.868 & 0.095 & 0.037 & 0 \end{pmatrix} \tag{4-40}$$

(3) 附属结构

附属结构中的所有指标，都为定性指标，指标隶属度都采用单值型，则有

$$\boldsymbol{R}_{u21} = \begin{pmatrix} 1 & 0 & 0 & 0 & 0 \end{pmatrix} \tag{4-41}$$

$$\boldsymbol{R}_{u22} = \begin{pmatrix} 0 & 0 & 1 & 0 & 0 \end{pmatrix} \tag{4-42}$$

$$\boldsymbol{R}_{u23} = \begin{pmatrix} 0 & 1 & 0 & 0 & 0 \end{pmatrix} \tag{4-43}$$

$$\boldsymbol{R}_{u24} = \begin{pmatrix} 1 & 0 & 0 & 0 & 0 \end{pmatrix} \tag{4-44}$$

$$\boldsymbol{R}_{u25} = \begin{pmatrix} 1 & 0 & 0 & 0 & 0 \end{pmatrix} \tag{4-45}$$

$$\boldsymbol{R}_{u26} = \begin{pmatrix} 0 & 1 & 0 & 0 & 0 \end{pmatrix} \tag{4-46}$$

$$\boldsymbol{R}_{u27} = \begin{pmatrix} 0 & 1 & 0 & 0 & 0 \end{pmatrix} \tag{4-47}$$

$$\boldsymbol{R}_{u28} = \begin{pmatrix} 1 & 0 & 0 & 0 & 0 \end{pmatrix} \tag{4-48}$$

$$\boldsymbol{R}_{u29} = \begin{pmatrix} 0 & 1 & 0 & 0 & 0 \end{pmatrix} \tag{4-49}$$

2) 一级模糊综合评价

①廊体综合评价结果：

$$\boldsymbol{R}_{u11} = \boldsymbol{W}_{11} \times \boldsymbol{R}'_{u11} = \begin{pmatrix} 0.115 & 0.141 & 0.141 & 0.173 & 0.141 & 0.173 & 0.115 \end{pmatrix} \times \begin{pmatrix} 0 & 0 & 1 & 0 & 0 \\ 0 & 0.582 & 0.218 & 0.200 & 0 \\ 1 & 0 & 0 & 0 & 0 \\ 0 & 1 & 0 & 0 & 0 \\ 0 & 1 & 0 & 0 & 0 \\ 0 & 1 & 0 & 0 & 0 \\ 0 & 0 & 0 & 0 & 0 \end{pmatrix} = \begin{pmatrix} 0.141 & 0.570 & 0.146 & 0.028 & 0 \end{pmatrix} \tag{4-50}$$

②施工缝和变形缝综合评价结果：

$$\boldsymbol{R}_{u12} = \boldsymbol{W}_{12} \times \boldsymbol{R}'_{u12} = \begin{pmatrix} 0.5 & 0.5 \end{pmatrix} \times \begin{pmatrix} 0 & 0.868 & 0.095 & 0.037 & 0 \\ 0 & 1 & 0 & 0 & 0 \end{pmatrix} = \begin{pmatrix} 0 & 0.934 & 0.048 & 0.019 & 0 \end{pmatrix} \tag{4-51}$$

③主体结构综合评价结果：

$$\boldsymbol{R}_{u1} = \boldsymbol{W}_{1} \times \boldsymbol{R}'_{u1} = \begin{pmatrix} 0.699 & 0.301 \end{pmatrix} \times \begin{pmatrix} 0.141 & 0.570 & 0.146 & 0.028 & 0 \\ 0 & 0.934 & 0.048 & 0.019 & 0 \end{pmatrix} = \begin{pmatrix} 0.099 & 0.680 & 0.117 & 0.025 & 0 \end{pmatrix} \tag{4-52}$$

④附属结构综合评价结果：

$$
\boldsymbol{R}_{u2}=\boldsymbol{W}_2\times\boldsymbol{R}'_{u2}=\begin{pmatrix}0.15 & 0.05 & 0.15 & 0.10 & 0.10 & 0.10 & 0.10 & 0.15 & 0.10\end{pmatrix}\times
\begin{pmatrix}1&0&0&0&0\\0&0&1&0&0\\0&1&0&0&0\\1&0&0&0&0\\1&0&0&0&0\\0&1&0&0&0\\0&1&0&0&0\\1&0&0&0&0\\0&1&0&0&0\end{pmatrix}=\begin{pmatrix}0.5 & 0.45 & 0.05 & 0 & 0\end{pmatrix} \tag{4-53}
$$

3) 二级模糊综合评价

$$
\boldsymbol{Z}=\boldsymbol{W}_v\times\begin{pmatrix}\boldsymbol{R}_{u1}^{\mathrm{T}} & \boldsymbol{R}_{u2}^{\mathrm{T}}\end{pmatrix}^{\mathrm{T}}=\begin{pmatrix}0.699 & 0.301\end{pmatrix}\times\begin{pmatrix}0.099 & 0.680 & 0.117 & 0.025 & 0\\ 0.50 & 0.45 & 0.05 & 0 & 0\end{pmatrix} \tag{4-54}
$$

$$
=\begin{pmatrix}0.220 & 0.611 & 0.097 & 0.017 & 0\end{pmatrix}
$$

归一化处理后：

$$
\boldsymbol{Z}=(0.234 \quad 0.646 \quad 0.102 \quad 0.018 \quad 0) \tag{4-55}
$$

该段综合管廊本体完好状况值：

$$
F=\frac{5\times0.234+4\times0.646+3\times0.102+2\times0.018+1\times0}{0.234+0.646+0.102+0.018+0}=4.09 \tag{4-56}
$$

评价结果表明，该段综合管廊的结构状况为 B 级，结构轻微缺损，对管线日常运营存在一定影响，按需进行保养。

4.3.2 明挖法综合管廊本体结构状况模糊综合评价模型

1. 一级模糊综合评价

1) 建立评价指标集

主体结构评价指标集：

$$
U_1=\{u_{111},u_{112},\cdots,u_{117},u_{121},u_{122},u_{131},u_{132},\cdots,u_{136}\} \tag{4-57}
$$

2) 建立评语等级集合

利用城市综合管廊本体结构状况等级衡量被评价指标的表现及评价目标的结构状况，设评语等级集合为

$$
V=\{v_1,v_2,v_3,v_4,v_5\} \tag{4-58}
$$

根据 4.2.4 节设计的城市综合管廊健康等级，集合中 v_1、v_2、v_3、v_4、v_5，分别表示完好状况等级 A、B、C、D、E。

3) 确定单因素评价矩阵

材料性能建立的隶属向量为

$$\boldsymbol{R}_{u13i}=\begin{pmatrix}r_{u13i1} & r_{u13i2} & r_{u13i3} & r_{u13i4} & r_{u13i5}\end{pmatrix} \quad (i=1,2,\cdots,6) \tag{4-59}$$

由隶属向量 $\boldsymbol{R}_u$ 即可建立主体结构中材料性能的单因素评价矩阵 $\boldsymbol{R}_u'$。

模糊综合评价是通过模糊算子建立模糊综合评价模型的过程。本体结构状况评价与本体完好状况评价所采用的评价方式一致，故不做赘述。

2. 二级模糊综合评价

同 4.3.1 节一致，目标因素对评语集合的隶属向量 $\boldsymbol{Z}$：

$$\boldsymbol{Z}=\boldsymbol{W}_v\times\begin{pmatrix}\boldsymbol{R}_{u1}^{\mathrm{T}} & \boldsymbol{R}_{u2}^{\mathrm{T}}\end{pmatrix}^{\mathrm{T}} \tag{4-60}$$

3. 模糊向量单值化

分别给评语 v_1、v_2、v_3、v_4、v_5 赋值 5、4、3、2、1，则：

$$F=\frac{5\times z_1+4\times z_2+3\times z_3+2\times z_4+1\times z_5}{z_1+z_2+z_3+z_4+z_5} \tag{4-61}$$

采用均分方法确定 5 个健康等级的评分区间，见表 4-18。

表 4-18 本体结构状况量化分级表

等级	健康状况	等级向量	评分区间
A	无缺损，常规保养	5	4.2～5.0
B	结构轻微缺损，影响日常运营，按需要进行维护保养	4	3.4～4.2
C	结构缺损一般，影响管线安全运行，需要制订计划进行局部维修	3	2.6～3.4
D	结构破损较严重，对管线运营造成严重威胁，需要立即处治	2	1.8～2.6
E	结构破损严重，无法使用，需要进行更换改造	1	1.0～1.8

4. 算例

综合管廊本体结构状况评价时，相对本体完好状况评价更进一步地考虑了管廊材料性能状况，故在 4.3.1 节检查结果的基础上，增加了该段管廊结构材料性能检测，完成结构定期检测，得到材料性能检测结果如表 4-19 所示。

表 4-19 某明挖法综合管廊结构一防火区间材料性能检测结果

项目	材料性能					
	混凝土强度 (q_i/q)	混凝土碳化深度 (t_i/t)	钢筋保护层厚度 (a_{si}/a_s)	钢筋锈蚀电位水平/mV	结构厚度 (h_i/h)	混凝土密实度
检测结果	0.83，$l<5$	0.3	0.93	暂无	0.82，$l<5$	2

1) 确定单因素评价矩阵

廊体、施工缝和变形缝、附属结构的检测结果没变，所以由检测结果得到的计算结果不变，评价矩阵采用 4.3.1 节计算结果，此处不做重复计算，只计算材料性能指标的评价矩阵。

(1) 混凝土强度，构造隶属度函数：

$$\mu_1=\begin{cases}0 & x\leqslant 0.65\\ \dfrac{1}{1+0.04(x-0.65)^{-2}} & x>0.65\end{cases}\tag{4-62}$$

$$\mu_2=\frac{1}{1+400(x-0.8)^2}\tag{4-63}$$

$$\mu_3=\frac{1}{1+400(x-0.7)^2}\tag{4-64}$$

$$\mu_4=\begin{cases}1 & x\leqslant 0.55\\ \dfrac{1}{1+100(x-0.55)^2} & x>0.55\end{cases}\tag{4-65}$$

$$\boldsymbol{R}_{u131}=\begin{pmatrix}0.314 & 0.516 & 0.090 & 0.079 & 0\end{pmatrix}\tag{4-66}$$

(2) 混凝土碳化深度，构造隶属度函数：

$$\mu_1=\begin{cases}1 & x\leqslant 0.2\\ \dfrac{1}{1+11(x-0.2)^2} & x>0.2\end{cases}\tag{4-67}$$

$$\mu_2=\frac{1}{1+16(x-0.75)^2}\tag{4-68}$$

$$\mu_3=\frac{1}{1+16(x-1.25)^2}\tag{4-69}$$

$$\mu_4=\frac{1}{1+16(x-1.75)^2}\tag{4-70}$$

$$\mu_5=\begin{cases}0 & x\leqslant 0.8\\ \dfrac{1}{1+1.44(x-0.8)^{-2}} & x>0.8\end{cases}\tag{4-71}$$

$$\boldsymbol{R}_{u132}=\begin{pmatrix}0.732 & 0.192 & 0.053 & 0.023 & 0\end{pmatrix}\tag{4-72}$$

(3) 钢筋保护层厚度，构造隶属度函数：

$$\mu_1=\begin{cases}0 & x\leqslant 0.7\\ \dfrac{1}{1+0.06(x-0.7)^{-2}} & x>0.7\end{cases}\tag{4-73}$$

$$\mu_2=\frac{1}{1+100(x-0.9)^2}\tag{4-74}$$

$$\mu_3 = \frac{1}{1+204(x-0.78)^2} \tag{4-75}$$

$$\mu_4 = \frac{1}{1+204(x-0.63)^2} \tag{4-76}$$

$$\mu_5 = \begin{cases} 1 & x \leqslant 0.5 \\ \dfrac{1}{1+400(x-0.5)^{-2}} & x > 0.5 \end{cases} \tag{4-77}$$

$$\boldsymbol{R}_{u133} = (0.287 \quad 0.563 \quad 0.110 \quad 0.032 \quad 0.008) \tag{4-78}$$

(4) 钢筋锈蚀电位水平，由于本次检测实例暂未提供具体数值，所以其隶属向量为

$$\boldsymbol{R}_{u134} = (0 \quad 0 \quad 0 \quad 0 \quad 0) \tag{4-79}$$

(5) 结构厚度，构造隶属度函数：

$$\mu_1 = \begin{cases} 0 & x \leqslant 0.6 \\ \dfrac{1}{1+0.09(x-0.6)^{-2}} & x > 0.6 \end{cases} \tag{4-80}$$

$$\mu_2 = \frac{1}{1+204(x-0.83)^2} \tag{4-81}$$

$$\mu_3 = \frac{1}{1+204(x-0.68)^2} \tag{4-82}$$

$$\mu_4 = \begin{cases} 1 & x \leqslant 0.5 \\ \dfrac{1}{1+100(x-0.5)^2} & x > 0.5 \end{cases} \tag{4-83}$$

$$\boldsymbol{R}_{u135} = (0.216 \quad 0.605 \quad 0.124 \quad 0.055 \quad 0) \tag{4-84}$$

(6) 混凝土密实度，构造隶属度函数：

$$\mu_2 = \begin{cases} 1 & x \leqslant 1 \\ \dfrac{1}{1+0.25(x-1)^2} & x > 1 \end{cases} \tag{4-85}$$

$$\mu_3 = \frac{1}{1+0.1(x-6)^2} \tag{4-86}$$

$$\mu_4 = \frac{1}{1+0.1(x-12)^2} \tag{4-87}$$

$$\mu_5 = \begin{cases} 0 & x \leqslant 3 \\ \dfrac{1}{1+10(x-3)^{-2}} & x > 3 \end{cases} \tag{4-88}$$

$$\boldsymbol{R}_{u136} = (0 \quad 0.842 \quad 0.158 \quad 0 \quad 0) \tag{4-89}$$

2) 一级模糊综合评价

(1) 廊体综合评价结果，采用 4.3.1 节计算结果为

$$\boldsymbol{R}_{u11} = \boldsymbol{W}_{11} \times \boldsymbol{R}'_{u11} = (0.141 \quad 0.570 \quad 0.146 \quad 0.028 \quad 0) \tag{4-90}$$

(2) 施工缝和变形缝综合评价结果，采用 4.3.1 节计算结果为

$$\boldsymbol{R}_{u12}=\boldsymbol{W}_{12}\times\boldsymbol{R}'_{u12}=\begin{pmatrix}0 & 0.934 & 0.048 & 0.019 & 0\end{pmatrix} \tag{4-91}$$

(3) 结构材料性能综合评价结果为

$$\boldsymbol{R}_{u13}=\boldsymbol{W}_{13}\times\boldsymbol{R}'_{u13}=\begin{pmatrix}0.184 & 0.149 & 0.098 & 0.098 & 0.184 & 0.286\end{pmatrix}\times$$

$$\begin{pmatrix}0.314 & 0.516 & 0.090 & 0.079 & 0\\ 0.732 & 0.192 & 0.053 & 0.023 & 0\\ 0.287 & 0.563 & 0.110 & 0.032 & 0.008\\ 0 & 0 & 0 & 0 & 0\\ 0.216 & 0.605 & 0.124 & 0.055 & 0\\ 0 & 0.842 & 0.158 & 0 & 0\end{pmatrix}=\begin{pmatrix}0.235 & 0.531 & 0.103 & 0.031 & 0.001\end{pmatrix} \tag{4-92}$$

(4) 主体结构综合评价结果：

$$\boldsymbol{R}_{u1}=\boldsymbol{W}_{1}\times\boldsymbol{R}'_{u1}=\begin{pmatrix}0.412 & 0.176 & 0.412\end{pmatrix}\times\begin{pmatrix}0.141 & 0.570 & 0.146 & 0.028 & 0\\ 0 & 0.934 & 0.048 & 0.019 & 0\\ 0.235 & 0.531 & 0.103 & 0.031 & 0.001\end{pmatrix} \tag{4-93}$$

$$=\begin{pmatrix}0.155 & 0.618 & 0.111 & 0.028 & 0\end{pmatrix}$$

(5) 附属结构综合评价结果，采用 4.3.1 节计算结果为

$$\boldsymbol{R}_{u2}=\boldsymbol{W}_{2}\times\boldsymbol{R}'_{u2}=\begin{pmatrix}0.5 & 0.45 & 0.05 & 0 & 0\end{pmatrix} \tag{4-94}$$

3) 二级模糊综合评价

$$\boldsymbol{Z}=\boldsymbol{W}_{v}\times\begin{pmatrix}\boldsymbol{R}_{u1}^{\mathrm{T}} & \boldsymbol{R}_{u2}^{\mathrm{T}}\end{pmatrix}^{\mathrm{T}}=\begin{pmatrix}0.699 & 0.301\end{pmatrix}\times\begin{pmatrix}0.155 & 0.618 & 0.111 & 0.028 & 0\\ 0.50 & 0.45 & 0.05 & 0 & 0\end{pmatrix} \tag{4-95}$$

$$=\begin{pmatrix}0.259 & 0.567 & 0.093 & 0.020 & 0\end{pmatrix}$$

归一化处理后：

$$\boldsymbol{Z}=(0.275 \quad 0.605 \quad 0.099 \quad 0.021 \quad 0) \tag{4-96}$$

该段综合管廊本体完好状况值：

$$F=\frac{5\times0.275+4\times0.605+3\times0.099+2\times0.021+1\times0}{0.275+0.605+0.099+0.021+0}=4.13 \tag{4-97}$$

评价结果表明，该段综合管廊本体结构状况为 B 级，结构轻微缺损，按需要进行维护保养。

4.4 盾构法综合管廊模糊评价模型建立

4.4.1 盾构法综合管廊本体完好状况模糊综合评价模型

根据本书 3.3.2 节所构建的盾构法综合管廊本体完好状况评价指标体系，构建盾构法综合管廊本体完好状况模糊综合评价模型。

1. 一级模糊综合评价

1）建立评价指标集

（1）主体结构评价指标集：

$$U_1=\{u_{111},u_{112},\cdots,u_{117},u_{121},u_{131},u_{132}\} \tag{4-98}$$

（2）附属结构评价指标集：

$$U_2=\{u_{21},u_{22},\cdots,u_{29}\} \tag{4-99}$$

2）建立评语等级集合

$$V=\{v_1,v_2,v_3,v_4,v_5\} \tag{4-100}$$

根据本书 4.2.4 节设计的城市综合管廊健康等级，集合中 v_1、v_2、v_3、v_4、v_5，分别表示完好状况等级 A、B、C、D、E。

3）确定单因素评价矩阵

（1）主体结构建立的隶属向量：

管片建立的隶属向量：

$$\boldsymbol{R}_{u11i}=(r_{u11i1}\quad r_{u11i2}\quad r_{u11i3}\quad r_{u11i4}\quad r_{u11i5})\quad (i=1,2,\cdots,7) \tag{4-101}$$

管片锚固螺栓建立的隶属向量：

$$\boldsymbol{R}_{u121}=(r_{u1211}\quad r_{u1212}\quad r_{u1213}\quad r_{u1214}\quad r_{u1215}) \tag{4-102}$$

管片接缝、变形缝建立的隶属向量：

$$\boldsymbol{R}_{u13i}=(r_{u13i1}\quad r_{u13i2}\quad r_{u13i3}\quad r_{u13i4}\quad r_{u13i5})\quad (i=1,2) \tag{4-103}$$

（2）附属结构建立的隶属向量：

$$\boldsymbol{R}_{u2i}=(r_{u2i1}\quad r_{u2i2}\quad r_{u2i3}\quad r_{u2i4}\quad r_{u2i5})\quad (i=1,2,\cdots,9) \tag{4-104}$$

由隶属向量 $\boldsymbol{R}_u$ 即可建立主体结构和附属结构的单因素评价矩阵 $\boldsymbol{R}'_u$。

4）一级模糊综合评价

模糊综合评价是通过模糊算子建立模糊综合评价模型的过程。选用加权平均型模糊综合评价模型，如下所示：

$$\boldsymbol{W}\times\boldsymbol{R}'=\boldsymbol{R} \tag{4-105}$$

式中，$\boldsymbol{W}$ 代表权重向量，$\boldsymbol{R}'$ 代表单因素评价矩阵，$\boldsymbol{R}$ 代表相应的准则层因素对评语集合 V 的隶属向量。

有个单因素评价矩阵 $\boldsymbol{R}'_u$ 与其相应的权重向量 $\boldsymbol{W}_u$，可得出各因素对评语集合 V 的隶属向量为 $\boldsymbol{R}_{ui}=\boldsymbol{W}_{ui}\times\boldsymbol{R}'_{ui}$。

2. 二级模糊综合评价

同明挖法综合管廊一样，将综合管廊主体结构与附属结构综合起来进行评价，完成对综合管廊本体结构状况的评价，可得模糊综合评价结果向量 $\boldsymbol{Z}$：

$$\boldsymbol{Z} = \boldsymbol{W}_v \times \left(\boldsymbol{R}_{u1}^{\mathrm{T}} \quad \boldsymbol{R}_{u2}^{\mathrm{T}} \right)^{\mathrm{T}} \tag{4-106}$$

3. 模糊向量单值化

分别给评语 v_1、v_2、v_3、v_4、v_5 赋值 5、4、3、2、1，则

$$F = \frac{5 \times z_1 + 4 \times z_2 + 3 \times z_3 + 2 \times z_4 + 1 \times z_5}{z_1 + z_2 + z_3 + z_4 + z_5} \tag{4-107}$$

采用均分方法确定 5 个健康等级的评分区间，见表 4-20。

表 4-20　本体完好状况量化分级表

等级	健康状况	等级向量	评分区间
A	无缺损，常规保养	5	4.2～5.0
B	本体轻微缺损，影响日常运营，按需要进行保养维护	4	3.4～4.2
C	本体缺损一般，影响管线安全运行，需要制定计划进行局部维修	3	2.6～3.4
D	本体缺损较严重，对管线运营造成严重威胁，需要立即处治	2	1.8～2.6
E	本体缺损严重，管线无法继续运行，需要进行更换改造	1	1.0～1.8

4. 算例

某盾构法综合管廊长为 1000m，进行常规定期检测时，其中某一防火区间检测结果如表 4-21 所示，对该防火区间的本体完好状况进行综合评价。

表 4-21　某盾构法综合管廊结构一防火区间检测结果

结构部位		检测项目	检测结果	结构部位	检测项目	检测结果
主体结构	管片	蜂窝麻面	轻微缺陷	附属结构	人员出入口	无
		压溃剥落	轻微剥落		吊装口	出现滴漏
		材料劣化	无		逃生口	无
		渗漏水	浸渗，且 pH 值为 7.0		通风口	无
		钢筋锈蚀	无		管线分支口	无
		管片裂缝	无		井盖、盖板	轻微破损
		收敛变形	/		支墩、支吊架	轻微破损
	管片接缝和变形缝	错台	f=3mm		预埋件、锚固螺栓	无
		渗漏水	湿渍，pH 值为 7.0		排水结构	轻微破损
	锚固螺栓	损坏、丢失、松动	少量螺母松动			

1)确定单因素评价矩阵

(1)管片。

①管片的影响因素中有蜂窝麻面、材料劣化、渗漏水、钢筋锈蚀，均为定性指标，这些指标隶属向量采用单值型，则有

$$\boldsymbol{R}_{u111}=\begin{pmatrix}0 & 1 & 0 & 0 & 0\end{pmatrix} \tag{4-108}$$

$$\boldsymbol{R}_{u112}=\begin{pmatrix}0 & 1 & 0 & 0 & 0\end{pmatrix} \tag{4-109}$$

$$\boldsymbol{R}_{u113}=\begin{pmatrix}1 & 0 & 0 & 0 & 0\end{pmatrix} \tag{4-110}$$

$$\boldsymbol{R}_{u114}=\begin{pmatrix}0 & 1 & 0 & 0 & 0\end{pmatrix} \tag{4-111}$$

$$\boldsymbol{R}_{u115}=\begin{pmatrix}1 & 0 & 0 & 0 & 0\end{pmatrix} \tag{4-112}$$

②管片裂缝，根据检测结果以及评级标准，取隶属向量为

$$\boldsymbol{R}_{u116}=\begin{pmatrix}1 & 0 & 0 & 0 & 0\end{pmatrix} \tag{4-113}$$

③收敛变形，由于本次检测实例中，暂未提供具体数值，所以其隶属向量为

$$\boldsymbol{R}_{u117}=\begin{pmatrix}0 & 0 & 0 & 0 & 0\end{pmatrix} \tag{4-114}$$

(2)管片锚固螺栓。

其指标隶属向量采用单值型，则有

$$\boldsymbol{R}_{u121}=\begin{pmatrix}0 & 1 & 0 & 0 & 0\end{pmatrix} \tag{4-115}$$

(3)管片接缝、变形缝。

①管片接缝、变形缝中的渗漏水为定性指标，指标隶属向量采用单值型，则有

$$\boldsymbol{R}_{u131}=\begin{pmatrix}0 & 1 & 0 & 0 & 0\end{pmatrix} \tag{4-116}$$

②管片接缝错台，构造隶属度函数为

$$\mu_1=\begin{cases}1 & x\leqslant 2\\ \dfrac{1}{1+0.25(x-2)^2} & x>2\end{cases} \tag{4-117}$$

$$\mu_2=\frac{1}{1+0.25(x-6)^2} \tag{4-118}$$

$$\mu_3=\frac{1}{1+0.25(x-9)^2} \tag{4-119}$$

$$\mu_4=\frac{1}{1+0.25(x-11)^2} \tag{4-120}$$

$$\mu_5=\begin{cases}0 & x\leqslant 4\\ \dfrac{1}{1+64(x-4)^{-2}} & x>4\end{cases} \tag{4-121}$$

则有

$$\boldsymbol{R}_{u132}=\begin{pmatrix}0.677 & 0.213 & 0.069 & 0.041 & 0\end{pmatrix} \tag{4-122}$$

(4)附属结构。

附属结构中的所有指标都为定性指标，指标隶属度都采用单值型，则有

$$\boldsymbol{R}_{u21}=\begin{pmatrix}1 & 0 & 0 & 0 & 0\end{pmatrix} \tag{4-123}$$

$$\boldsymbol{R}_{u22}=\begin{pmatrix}0 & 1 & 0 & 0 & 0\end{pmatrix} \tag{4-124}$$

$$\boldsymbol{R}_{u23}=\begin{pmatrix}1 & 0 & 0 & 0 & 0\end{pmatrix} \tag{4-125}$$

$$\boldsymbol{R}_{u24}=\begin{pmatrix}1 & 0 & 0 & 0 & 0\end{pmatrix} \tag{4-126}$$

$$\boldsymbol{R}_{u25}=\begin{pmatrix}1 & 0 & 0 & 0 & 0\end{pmatrix} \tag{4-127}$$

$$\boldsymbol{R}_{u26}=\begin{pmatrix}0 & 1 & 0 & 0 & 0\end{pmatrix} \tag{4-128}$$

$$\boldsymbol{R}_{u27}=\begin{pmatrix}0 & 1 & 0 & 0 & 0\end{pmatrix} \tag{4-129}$$

$$\boldsymbol{R}_{u28}=\begin{pmatrix}1 & 0 & 0 & 0 & 0\end{pmatrix} \tag{4-130}$$

$$\boldsymbol{R}_{u29}=\begin{pmatrix}0 & 1 & 0 & 0 & 0\end{pmatrix} \tag{4-131}$$

2) 一级模糊综合评价

①管片综合评价结果：

$$\boldsymbol{R}_{u11}=\boldsymbol{W}_{11}\times\boldsymbol{R}'_{u11}=\begin{pmatrix}0.115 & 0.141 & 0.141 & 0.173 & 0.141 & 0.173 & 0.115\end{pmatrix}\times\begin{pmatrix}0 & 1 & 0 & 0 & 0\\0 & 1 & 0 & 0 & 0\\1 & 0 & 0 & 0 & 0\\0 & 1 & 0 & 0 & 0\\1 & 0 & 0 & 0 & 0\\1 & 0 & 0 & 0 & 0\\0 & 0 & 0 & 0 & 0\end{pmatrix}=\begin{pmatrix}0.455 & 0.429 & 0 & 0 & 0\end{pmatrix} \tag{4-132}$$

②管片锚固螺栓综合评价结果：

$$\boldsymbol{R}_{u12}=\boldsymbol{W}_{12}\times\boldsymbol{R}'_{u12}=\begin{pmatrix}1\end{pmatrix}\times\begin{pmatrix}0 & 1 & 0 & 0 & 0\end{pmatrix}=\begin{pmatrix}0 & 1 & 0 & 0 & 0\end{pmatrix} \tag{4-133}$$

③管片接缝和变形缝的综合评价结果：

$$\boldsymbol{R}_{u13}=\boldsymbol{W}_{13}\times\boldsymbol{R}'_{u13}=\begin{pmatrix}0.5 & 0.5\end{pmatrix}\times\begin{pmatrix}0 & 1 & 0 & 0 & 0\\0.677 & 0.213 & 0.069 & 0.041 & 0\end{pmatrix}=\begin{pmatrix}0.339 & 0.607 & 0.035 & 0.021 & 0\end{pmatrix} \tag{4-134}$$

④主体结构综合评价结果：

$$\boldsymbol{R}_{u1}=\boldsymbol{W}_{1}\times\boldsymbol{R}'_{u1}=\begin{pmatrix}0.608 & 0.172 & 0.220\end{pmatrix}\times\begin{pmatrix}0.455 & 0.429 & 0 & 0 & 0\\0 & 1 & 0 & 0 & 0\\0.339 & 0.607 & 0.035 & 0.021 & 0\end{pmatrix}=\begin{pmatrix}0.351 & 0.566 & 0.008 & 0.005 & 0\end{pmatrix} \tag{4-135}$$

⑤附属结构综合评价结果：

$$\boldsymbol{R}_{u2}=\boldsymbol{W}_2\times\boldsymbol{R}'_{u2}=\begin{pmatrix}0.15 & 0.05 & 0.15 & 0.10 & 0.10 & 0.10 & 0.10 & 0.15 & 0.10\end{pmatrix}\times\begin{pmatrix}1&0&0&0&0\\0&1&0&0&0\\1&0&0&0&0\\1&0&0&0&0\\1&0&0&0&0\\0&1&0&0&0\\0&1&0&0&0\\1&0&0&0&0\\0&1&0&0&0\end{pmatrix}=\begin{pmatrix}0.65 & 0.35 & 0 & 0 & 0\end{pmatrix} \tag{4-136}$$

3）二级模糊综合评价

$$\boldsymbol{Z}=\boldsymbol{W}_v\times\left(\boldsymbol{R}_{u1}^{\mathrm{T}}\quad \boldsymbol{R}_{u2}^{\mathrm{T}}\right)^{\mathrm{T}}=\begin{pmatrix}0.699 & 0.301\end{pmatrix}\times\begin{pmatrix}0.351 & 0.566 & 0.008 & 0.005 & 0\\0.65 & 0.35 & 0 & 0 & 0\end{pmatrix} \tag{4-137}$$

$$=\begin{pmatrix}0.441 & 0.501 & 0.006 & 0.003 & 0\end{pmatrix}$$

归一化处理后：

$$\boldsymbol{Z}=(0.464 \quad 0.527 \quad 0.006 \quad 0.003 \quad 0) \tag{4-138}$$

该段综合管廊本体完好状况值：

$$F=\frac{5\times0.464+4\times0.527+3\times0.006+2\times0.003+1\times0}{0.464+0.527+0.006+0.003+0}=4.45 \tag{4-139}$$

评价结果表明，该段综合管廊的结构状况评定为 A 级，本体结构完好，无缺损，常规保养。

4.4.2 盾构法综合管廊本体结构状况模糊综合评价模型

1. 一级模糊综合评价

(1) 建立评价指标集。

主体结构评价指标集：

$$U_1=\{u_{111},u_{112},\cdots,u_{117},u_{121},u_{131},u_{132},u_{141},u_{142},\cdots,u_{147}\} \tag{4-140}$$

(2) 建立评语等级集合。

设评语等级集合为

$$V=\{v_1,v_2,v_3,v_4,v_5\} \tag{4-141}$$

根据 4.2.4 节设计的城市综合管廊健康等级，集合中 v_1、v_2、v_3、v_4、v_5，分别表示完好状况等级 A、B、C、D、E。

(3) 确定单因素评价矩阵。

材料性能建立的隶属向量为

$$\boldsymbol{R}_{u13i}=\begin{pmatrix}r_{u13i1} & r_{u13i2} & r_{u13i3} & r_{u13i4} & r_{u13i5}\end{pmatrix}\quad (i=1,2,\cdots,6) \tag{4-142}$$

由隶属向量 $\boldsymbol{R}_u$ 即可建立主体结构中材料性能的单因素评价矩阵 $\boldsymbol{R}'_u$。

(4) 模糊综合评价是通过模糊算子建立模糊综合评价模型的过程，如下所示：

$$\boldsymbol{W} \times \boldsymbol{R}' = \boldsymbol{R} \tag{4-143}$$

式中，$\boldsymbol{W}$ 代表权重向量，$\boldsymbol{R}'$ 代表单因素评价矩阵，$\boldsymbol{R}$ 代表相应的准则层因素对评语集合 V 的隶属向量。

通过单因素评价矩阵 $\boldsymbol{R}'_u$ 与其相应的权重向量 $\boldsymbol{W}_u$，可得出各因素对评语集合 V 的隶属向量为 $\boldsymbol{R}_{ui} = \boldsymbol{W}_{ui} \times \boldsymbol{R}'_{ui}$。

2. 二级模糊综合评价

同 4.3.1 节一致，目标因素对评语集合的隶属向量 $\boldsymbol{Z}$：

$$\boldsymbol{Z} = \boldsymbol{W}_v \times \left(\boldsymbol{R}_{u1}^{\mathrm{T}} \quad \boldsymbol{R}_{u2}^{\mathrm{T}} \right)^{\mathrm{T}} \tag{4-144}$$

3. 模糊向量单值化

分别给评语 v_1、v_2、v_3、v_4、v_5 赋值 5、4、3、2、1，则

$$F = \frac{5 \times z_1 + 4 \times z_2 + 3 \times z_3 + 2 \times z_4 + 1 \times z_5}{z_1 + z_2 + z_3 + z_4 + z_5} \tag{4-145}$$

与明挖法综合管廊相同，采用均分方法确定 5 个健康等级的评分区间，见表 4-22。

表 4-22　本体结构状况量化分级表

等级	健康状况	等级向量	评分区间
A	无缺损，常规保养	5	4.2～5.0
B	结构轻微缺损，影响日常运营，按需要进行维护保养	4	3.4～4.2
C	结构缺损一般，影响管线安全运行，需要制订计划进行局部维修	3	2.6～3.4
D	结构破损较严重，对管线运营造成严重威胁，需要立即处治	2	1.8～2.6
E	结构破损严重，无法使用，需要进行更换改造	1	1.0～1.8

4. 算例

在进行综合管廊本体结构状况评价时，相对本体完好状况评价，更进一步地考虑了管廊材料性能状况，故在 4.4.1 结果的基础上，增加了对该段管廊结构材料性能的检测，完成结构定期检测，得到材料性能检测结果如表 4-23 所示。

表 4-23　某盾构法综合管廊结构一防火区间材料性能检测结果

项目	材料性能						
	混凝土强度 (q_i/q)	混凝土碳化深度 (t_i/t)	钢筋保护层厚度 (a_{si}/a_s)	钢筋锈蚀电位水平/mV	结构厚度 (h_i/h)	混凝土密实度	背后空洞
检测结果	0.8，$l<5$	0.25	0.92	暂无	0.90，$l<5$	2	0.5

1）确定单因素评价矩阵

管片、管片接缝和变形缝及附属结构的检测结果没变，所以由检测结果得到的计算结果不变，因此，评价矩阵采用 4.4.1 节计算结果，此处不做重复计算，只计算材料性能指标的评价矩阵。

①混凝土强度，构造隶属度函数：

$$\mu_1=\begin{cases}0 & x\leqslant 0.65\\ \dfrac{1}{1+0.04(x-0.65)^{-2}} & x>0.65\end{cases} \tag{4-146}$$

$$\mu_2=\frac{1}{1+400(x-0.8)^2} \tag{4-147}$$

$$\mu_3=\frac{1}{1+400(x-0.7)^2} \tag{4-148}$$

$$\mu_4=\begin{cases}1 & x\leqslant 0.55\\ \dfrac{1}{1+100(x-0.55)^2} & x>0.55\end{cases} \tag{4-149}$$

$$\boldsymbol{R}_{u131}=\begin{pmatrix}0.212 & 0.589 & 0.118 & 0.081 & 0\end{pmatrix} \tag{4-150}$$

②混凝土碳化深度，构造隶属度函数：

$$\mu_1=\begin{cases}1 & x\leqslant 0.2\\ \dfrac{1}{1+11(x-0.2)^2} & x>0.2\end{cases} \tag{4-151}$$

$$\mu_2=\frac{1}{1+16(x-0.75)^2} \tag{4-152}$$

$$\mu_3=\frac{1}{1+16(x-1.25)^2} \tag{4-153}$$

$$\mu_4=\frac{1}{1+16(x-1.75)^2} \tag{4-154}$$

$$\mu_5=\begin{cases}0 & x\leqslant 0.8\\ \dfrac{1}{1+1.44(x-0.8)^{-2}} & x>0.8\end{cases} \tag{4-155}$$

$$\boldsymbol{R}_{u132}=\begin{pmatrix}0.773 & 0.159 & 0.047 & 0.021 & 0\end{pmatrix} \tag{4-156}$$

③钢筋保护层厚度，构造隶属度函数：

$$\mu_1=\begin{cases}0 & x\leqslant 0.7\\ \dfrac{1}{1+0.06(x-0.7)^{-2}} & x>0.7\end{cases} \tag{4-157}$$

$$\mu_2=\frac{1}{1+100(x-0.9)^2} \tag{4-158}$$

$$\mu_3=\frac{1}{1+204(x-0.78)^2} \tag{4-159}$$

$$\mu_4=\frac{1}{1+204(x-0.63)^2} \tag{4-160}$$

$$\mu_5=\begin{cases}1 & x\leqslant 0.5\\ \dfrac{1}{1+400(x-0.5)^2} & x>0.5\end{cases} \tag{4-161}$$

$$\boldsymbol{R}_{u133}=\begin{pmatrix}0.231 & 0.577 & 0.147 & 0.036 & 0.009\end{pmatrix} \tag{4-162}$$

④钢筋锈蚀电位水平，由于本次检测实例暂未提供具体数值，所以其隶属向量为

$$\boldsymbol{R}_{u134}=\begin{pmatrix}0 & 0 & 0 & 0 & 0\end{pmatrix} \tag{4-163}$$

⑤结构厚度，构造隶属度函数：

$$\mu_1=\begin{cases}0 & x\leqslant 0.6\\ \dfrac{1}{1+0.09(x-0.6)^{-2}} & x>0.6\end{cases} \tag{4-164}$$

$$\mu_2=\frac{1}{1+204(x-0.83)^2} \tag{4-165}$$

$$\mu_3=\frac{1}{1+204(x-0.68)^2} \tag{4-166}$$

$$\mu_4=\begin{cases}1 & x\leqslant 0.5\\ \dfrac{1}{1+100(x-0.5)^2} & x>0.5\end{cases} \tag{4-167}$$

$$\boldsymbol{R}_{u135}=\begin{pmatrix}0.186 & 0.512 & 0.154 & 0.088 & 0.061\end{pmatrix} \tag{4-168}$$

⑥混凝土密实度，构造隶属度函数：

$$\mu_2=\begin{cases}1 & x\leqslant 1\\ \dfrac{1}{1+0.25(x-1)^2} & x>1\end{cases} \tag{4-169}$$

$$\mu_3=\frac{1}{1+0.1(x-6)^2} \tag{4-170}$$

$$\mu_4=\frac{1}{1+0.1(x-12)^2} \tag{4-171}$$

$$\mu_5=\begin{cases}0 & x\leqslant 3\\ \dfrac{1}{1+10(x-3)^{-2}} & x>3\end{cases} \tag{4-172}$$

$$\boldsymbol{R}_{u136}=\begin{pmatrix}0 & 0.624 & 0.304 & 0.072 & 0\end{pmatrix} \tag{4-173}$$

⑦背后空洞，构造隶属度函数：

$$\mu_2=\begin{cases}1 & x\leqslant 0.2\\ \dfrac{1}{1+1.56(x-0.2)^2} & x>0.2\end{cases} \tag{4-174}$$

$$\mu_3=\frac{1}{1+(x-2)^2} \tag{4-175}$$

$$\mu_4=\frac{1}{1+(x-4)^2} \tag{4-176}$$

$$\mu_5=\begin{cases}0 & x\leqslant 3\\ \dfrac{1}{1+4(x-3)^{-2}} & x>3\end{cases} \tag{4-177}$$

$$\boldsymbol{R}_{u137}=\begin{pmatrix}0 & 0.696 & 0.244 & 0.060 & 0\end{pmatrix} \tag{4-178}$$

2）一级模糊综合评价

①管片综合评价结果，采用 4.4.1 节计算结果为

$$\boldsymbol{R}_{u11}=\boldsymbol{W}_{11}\times\boldsymbol{R}'_{u11}=\begin{pmatrix}0.455 & 0.429 & 0 & 0 & 0\end{pmatrix} \tag{4-179}$$

②管片锚固螺栓综合评价结果，采用 4.4.1 节计算结果为

$$\boldsymbol{R}_{u12}=\boldsymbol{W}_{12}\times\boldsymbol{R}'_{u12}=\begin{pmatrix}0 & 1 & 0 & 0 & 0\end{pmatrix} \tag{4-180}$$

③管片接缝和变形缝的综合评价结果，采用 4.4.1 节计算结果为

$$\boldsymbol{R}_{u13}=\boldsymbol{W}_{13}\times\boldsymbol{R}'_{u13}=\begin{pmatrix}0.339 & 0.607 & 0.035 & 0.021 & 0\end{pmatrix} \tag{4-181}$$

④管片材料性能指标综合评价结果：

$$\boldsymbol{R}_{u14}=\boldsymbol{W}_{14}\times\boldsymbol{R}'_{u14}=\begin{pmatrix}0.143 & 0.116 & 0.076 & 0.076 & 0.143 & 0.223 & 0.219\end{pmatrix}\times\begin{pmatrix}0.212 & 0.589 & 0.118 & 0.081 & 0\\0.773 & 0.159 & 0.047 & 0.021 & 0\\0.231 & 0.577 & 0.147 & 0.036 & 0.009\\0 & 0 & 0 & 0 & 0\\0.186 & 0.512 & 0.154 & 0.088 & 0.061\\0 & 0.624 & 0.304 & 0.072 & 0\\0 & 0.696 & 0.244 & 0.060 & 0\end{pmatrix}=\begin{pmatrix}0.164 & 0.511 & 0.177 & 0.059 & 0.009\end{pmatrix} \tag{4-182}$$

⑤主体结构综合评价结果：

$$\boldsymbol{R}_{u1}=\boldsymbol{W}_{1}\times\boldsymbol{R}'_{u1}=\begin{pmatrix}0.378 & 0.105 & 0.140 & 0.378\end{pmatrix}\times\begin{pmatrix}0.455 & 0.402 & 0 & 0 & 0\\0 & 1 & 0 & 0 & 0\\0.339 & 0.607 & 0.035 & 0.021 & 0\\0.164 & 0.511 & 0.177 & 0.059 & 0\end{pmatrix}=\begin{pmatrix}0.281 & 0.535 & 0.072 & 0.025 & 0\end{pmatrix} \tag{4-183}$$

⑥附属结构综合评价结果：

$$\boldsymbol{R}_{u2}=\boldsymbol{W}_{2}\times\boldsymbol{R}'_{u2}=\begin{pmatrix}0.65 & 0.35 & 0 & 0 & 0\end{pmatrix} \tag{4-184}$$

3) 二级模糊综合评价

$$Z = W_v \times \left(R_{u1}^{\mathrm{T}} \quad R_{u2}^{\mathrm{T}}\right)^{\mathrm{T}} = \left(0.699 \quad 0.301\right) \times \begin{pmatrix} 0.281 & 0.535 & 0.072 & 0.025 & 0 \\ 0.65 & 0.35 & 0 & 0 & 0 \end{pmatrix} \tag{4-185}$$

$$= \left(0.392 \quad 0.479 \quad 0.050 \quad 0.017 \quad 0\right)$$

归一化处理后：

$$Z = (0.417 \quad 0.510 \quad 0.054 \quad 0.019 \quad 0) \tag{4-186}$$

该段综合管廊本体完好状况值：

$$F = \frac{5\times 0.417 + 4\times 0.510 + 3\times 0.054 + 2\times 0.019 + 1\times 0}{0.417 + 0.510 + 0.054 + 0.019 + 0} = 4.33 \tag{4-187}$$

评价结果表明，该段综合管廊的结构状况评定为A级，本体结构完好，无缺损，常规保养。

4.5 矿山法综合管廊模糊评价模型建立

4.5.1 矿山法综合管廊本体完好状况模糊综合评价模型

根据3.3.3节的矿山法综合管廊本体完好状况评价指标体系，构建矿山法综合管廊本体完好状况模糊综合评价模型。

1. 一级模糊综合评价

(1) 建立评价指标集。

依据矿山法综合本体完好状况评价指标体系，主体结构和附属结构的评价指标分别有：

①主体结构评价指标集：

$$U_1 = \left\{u_{111}, u_{112}, \cdots, u_{117}, u_{121}, u_{122}\right\} \tag{4-188}$$

②附属结构评价指标集：

$$U_2 = \left\{u_{21}, u_{22}, \cdots, u_{29}\right\} \tag{4-189}$$

(2) 建立评语等级集合。

设评语等级集合为

$$V = \left\{v_1, v_2, v_3, v_4, v_5\right\} \tag{4-190}$$

根据4.2.4节设计的城市综合管廊健康等级，集合中v_1、v_2、v_3、v_4、v_5，分别表示完好状况等级A、B、C、D、E。

(3) 确定单因素评价矩阵。

主体结构和附属结构的评价指标各不相同，所以需要分别利用隶属函数建立指标U_i对评语集合V的隶属向量R_u。

①主体结构建立的隶属向量：

廊体建立的隶属向量：

$$\boldsymbol{R}_{u11i}=\left(r_{u11i1}\quad r_{u11i2}\quad r_{u11i3}\quad r_{u11i4}\quad r_{u11i5}\right)\quad(i=1,2,\cdots,7) \tag{4-191}$$

施工缝和变形缝建立的隶属向量：

$$\boldsymbol{R}_{u12i}=\left(r_{u12i1}\quad r_{u12i2}\quad r_{u12i3}\quad r_{u12i4}\quad r_{u12i5}\right)\quad(i=1,2) \tag{4-192}$$

②附属结构建立的隶属向量：

$$\boldsymbol{R}_{u2i}=\left(r_{u2i1}\quad r_{u2i2}\quad r_{u2i3}\quad r_{u2i4}\quad r_{u2i5}\right)\quad(i=1,2,\cdots,9) \tag{4-193}$$

由隶属向量 $\boldsymbol{R}_u$ 即可建立主体结构和附属结构的单因素评价矩阵 $\boldsymbol{R}'_u$。

(4) 模糊综合评价是通过模糊算子建立模糊综合评价模型的过程，如下所示：

$$\boldsymbol{W}\times\boldsymbol{R}'=\boldsymbol{R} \tag{4-194}$$

式中，$\boldsymbol{W}$ 代表权重向量，$\boldsymbol{R}'$ 代表单因素评价矩阵，$\boldsymbol{R}$ 代表相应的准则层因素对评语集合 V 的隶属向量。

有个单因素评价矩阵 $\boldsymbol{R}'_u$ 与其相应的权重向量 $\boldsymbol{W}_u$，可得出各因素对评语集合 V 的隶属向量为 $\boldsymbol{R}_{ui}=\boldsymbol{W}_{ui}\times\boldsymbol{R}'_{ui}$。

2. 二级模糊综合评价

目标因素对评语集合的隶属向量 $\boldsymbol{Z}$。

$$\boldsymbol{Z}=\boldsymbol{W}_v\times\left(\boldsymbol{R}_{u1}^{\mathrm{T}}\quad \boldsymbol{R}_{u2}^{\mathrm{T}}\right)^{\mathrm{T}} \tag{4-195}$$

3. 模糊向量单值化

分别给评语 v_1、v_2、v_3、v_4、v_5 赋值 5、4、3、2、1，则

$$F=\frac{5\times z_1+4\times z_2+3\times z_3+2\times z_4+1\times z_5}{z_1+z_2+z_3+z_4+z_5} \tag{4-196}$$

采用均分方法确定 5 个健康等级的评分区间，见表 4-24。

表 4-24　本体完好状况量化分级表

等级	健康状况	等级向量	评分区间
A	无缺损，常规保养	5	4.2～5.0
B	本体轻微缺损，影响日常运营，按需要进行保养维护	4	3.4～4.2
C	本体缺损一般，影响管线安全运行，需要制定计划进行局部维修	3	2.6～3.4
D	本体缺损较严重，对管线运营造成严重威胁，需要立即处治	2	1.8～2.6
E	本体缺损严重，管线无法继续运行，需要进行更换改造	1	1.0～1.8

4. 算例

某矿山法综合管廊长为 1000m，进行常规定期检测时，其中某一防火区间检测结果如表 4-25 所示，对该防火区间的本体完好状况进行综合评价。

1) 确定单因素评价矩阵

(1) 廊体。

①廊体的影响因素中，蜂窝麻面、材料劣化、渗漏水、钢筋锈蚀、裂缝为定性指标，这些指标隶属向量采用单值型，则有

$$\boldsymbol{R}_{u111}=\begin{pmatrix}0 & 0 & 1 & 0 & 0\end{pmatrix} \tag{4-197}$$

$$\boldsymbol{R}_{u113}=\begin{pmatrix}0 & 1 & 0 & 0 & 0\end{pmatrix} \tag{4-198}$$

$$\boldsymbol{R}_{u114}=\begin{pmatrix}0 & 0 & 1 & 0 & 0\end{pmatrix} \tag{4-199}$$

$$\boldsymbol{R}_{u115}=\begin{pmatrix}0 & 1 & 0 & 0 & 0\end{pmatrix} \tag{4-200}$$

$$\boldsymbol{R}_{u116}=\begin{pmatrix}0 & 1 & 0 & 0 & 0\end{pmatrix} \tag{4-201}$$

表 4-25 某矿山法综合管廊结构一防火区间检测结果

结构部位		检测项目	检测结果	结构部位	检测项目	检测结果
主体结构	廊体	蜂窝麻面	缺陷明显	附属结构	人员出入口	无
		压溃剥落	直径为 45mm		吊装口	出现滴漏
		材料劣化	轻微劣化		逃生口	无
		渗漏水	浸渗，pH 值为 5.5		通风口	无
		钢筋锈蚀	表层轻微锈迹		管线分支口	无
		裂缝	轻微开裂		井盖、盖板	轻微破损
		结构变形速率	2.5mm/年		支墩、支吊架	轻微破损
	施工缝和变形缝	压溃错台	暂无		预埋件、锚固螺栓	无
		渗漏水	湿渍，pH 值为 5.5		排水结构	轻微破损

②压溃剥落，构造的隶属度函数：

$$\mu_2=\begin{cases}1 & x\leqslant 1\\ \dfrac{1}{1+0.0004(x-1)^2} & x>1\end{cases} \tag{4-202}$$

$$\mu_3=\frac{1}{1+0.0065(x-62.5)^2} \tag{4-203}$$

$$\mu_4=\frac{1}{1+0.0007(x-112.5)^2} \tag{4-204}$$

$$\mu_5=\begin{cases}0 & x\leqslant 112.5\\ \dfrac{1}{1+1400(x-112.5)^{-2}} & x>112.5\end{cases} \tag{4-205}$$

则有

$$\boldsymbol{R}_{u112}=\begin{pmatrix}0 & 0.496 & 0.294 & 0.210 & 0\end{pmatrix} \tag{4-206}$$

③结构变形，构造的隶属函数：

$$\mu_2=\begin{cases}1 & x\leqslant 1\\ \dfrac{1}{1+0.25(x-1)^2} & x>1\end{cases} \tag{4-207}$$

$$\mu_3=\frac{1}{1+0.08(x-6.5)^2} \tag{4-208}$$

$$\mu_4=\frac{1}{1+0.16(x-12.5)^2} \tag{4-209}$$

$$\mu_5=\begin{cases}0 & x\leqslant 3\\ \dfrac{1}{1+144(x-1)^{-2}} & x>3\end{cases} \tag{4-210}$$

则有

$$\boldsymbol{R}_{u117}=\begin{pmatrix}0 & 0.656 & 0.304 & 0.040 & 0\end{pmatrix} \tag{4-211}$$

(2)施工缝和变形缝。

①施工缝和变形缝中的渗漏水为定性指标，指标隶属向量采用单值型，根据指标分级判定标准，由于地下水 pH 值影响，需要适当增加渗漏水病害评价等级，则有

$$\boldsymbol{R}_{u121}=\begin{pmatrix}0 & 0 & 1 & 0 & 0\end{pmatrix} \tag{4-212}$$

②压溃错台，由于本次检测过程中，未收集到相关资料，所以隶属度向量为

$$\boldsymbol{R}_{u122}=\begin{pmatrix}0 & 0 & 0 & 0 & 0\end{pmatrix} \tag{4-213}$$

(3)附属结构。

附属结构中的所有指标，都为定性指标，指标隶属度都采用单值型，则有

$$\boldsymbol{R}_{u21}=\begin{pmatrix}1 & 0 & 0 & 0 & 0\end{pmatrix} \tag{4-214}$$

$$\boldsymbol{R}_{u22}=\begin{pmatrix}0 & 1 & 0 & 0 & 0\end{pmatrix} \tag{4-215}$$

$$\boldsymbol{R}_{u23}=\begin{pmatrix}1 & 0 & 0 & 0 & 0\end{pmatrix} \tag{4-216}$$

$$\boldsymbol{R}_{u24}=\begin{pmatrix}1 & 0 & 0 & 0 & 0\end{pmatrix} \tag{4-217}$$

$$\boldsymbol{R}_{u25}=\begin{pmatrix}1 & 0 & 0 & 0 & 0\end{pmatrix} \tag{4-218}$$

$$\boldsymbol{R}_{u26}=\begin{pmatrix}0 & 1 & 0 & 0 & 0\end{pmatrix} \tag{4-219}$$

$$\boldsymbol{R}_{u27}=\begin{pmatrix}0 & 1 & 0 & 0 & 0\end{pmatrix} \tag{4-220}$$

$$\boldsymbol{R}_{u28}=\begin{pmatrix}1 & 0 & 0 & 0 & 0\end{pmatrix} \tag{4-221}$$

$$\boldsymbol{R}_{u29}=\begin{pmatrix}0 & 1 & 0 & 0 & 0\end{pmatrix} \tag{4-222}$$

2）一级模糊综合评价

①廊体综合评价结果：

$$R_{u11}=W_{11}\times R'_{u11}=\begin{pmatrix}0.115 & 0.141 & 0.141 & 0.173 & 0.141 & 0.173 & 0.115\end{pmatrix}\times\begin{pmatrix}0 & 0 & 1 & 0 & 0\\0 & 0.496 & 0.294 & 0.210 & 0\\0 & 1 & 0 & 0 & 0\\0 & 0 & 1 & 0 & 0\\0 & 1 & 0 & 0 & 0\\0 & 1 & 0 & 0 & 0\\0 & 0.656 & 0.304 & 0.040 & 0\end{pmatrix}=\begin{pmatrix}0 & 0.600 & 0.364 & 0.034 & 0\end{pmatrix}\tag{4-223}$$

②施工缝和变形缝综合评价结果：

$$R_{u12}=W_{12}\times R'_{u12}=\begin{pmatrix}0.5 & 0.5\end{pmatrix}\times\begin{pmatrix}0 & 0 & 1 & 0 & 0\\0 & 0 & 0 & 0 & 0\end{pmatrix}=\begin{pmatrix}0 & 0 & 0.5 & 0 & 0\end{pmatrix}\tag{4-224}$$

③主体结构综合评价结果：

$$R_{u1}=W_{1}\times R'_{u1}=\begin{pmatrix}0.699 & 0.301\end{pmatrix}\times\begin{pmatrix}0 & 0.600 & 0.364 & 0.034 & 0\\0 & 0 & 0.5 & 0 & 0\end{pmatrix}=\begin{pmatrix}0 & 0.419 & 0.405 & 0.024 & 0\end{pmatrix}\tag{4-225}$$

④附属结构综合评价结果：

$$R_{u2}=W_{2}\times R'_{u2}=\begin{pmatrix}0.15 & 0.05 & 0.15 & 0.10 & 0.10 & 0.10 & 0.10 & 0.15 & 0.10\end{pmatrix}\times\begin{pmatrix}1 & 0 & 0 & 0 & 0\\0 & 1 & 0 & 0 & 0\\1 & 0 & 0 & 0 & 0\\1 & 0 & 0 & 0 & 0\\1 & 0 & 0 & 0 & 0\\0 & 1 & 0 & 0 & 0\\0 & 1 & 0 & 0 & 0\\1 & 0 & 0 & 0 & 0\\0 & 1 & 0 & 0 & 0\end{pmatrix}=\begin{pmatrix}0.65 & 0.35 & 0 & 0 & 0\end{pmatrix}\tag{4-226}$$

3）二级模糊综合评价

$$Z=W_{v}\times\begin{pmatrix}R_{u1}^{\mathrm{T}} & R_{u2}^{\mathrm{T}}\end{pmatrix}^{\mathrm{T}}=\begin{pmatrix}0.699 & 0.301\end{pmatrix}\times\begin{pmatrix}0 & 0.419 & 0.405 & 0.024 & 0\\0.65 & 0.35 & 0 & 0 & 0\end{pmatrix}=\begin{pmatrix}0.196 & 0.398 & 0.283 & 0.017 & 0\end{pmatrix}\tag{4-227}$$

归一化处理后：

$$Z=\begin{pmatrix}0.219 & 0.445 & 0.317 & 0.019 & 0\end{pmatrix}\tag{4-228}$$

该段综合管廊本体完好状况值：

$$F=\frac{5\times0.219+4\times0.445+3\times0.317+2\times0.019+1\times0}{0.219+0.445+0.317+0.019+0}=3.86\tag{4-229}$$

评价结果表明，该段综合管廊的结构状况评定为 B 级，结构轻微缺损，对管线日常运营存在一定影响，按需进行保养。

4.5.2 矿山法综合管廊本体结构状况模糊综合评价模型

矿山法综合管廊本体结构状况模糊综合评价模型与 4.5.1 节中管廊本体完好状况模糊综合评价模型相似，相比之下，主体结构中增加了材料性能指标因素，所以在构建模糊综合评价模型时，重点在增加的材料性能指标因素，重复部分只做简单描述。

1. 一级模糊综合评价

(1) 建立评价指标集。

主体结构评价指标集：

$$U_1=\{u_{111},u_{112},\cdots,u_{117},u_{121},u_{122},u_{131},u_{132},\cdots,u_{136}\} \tag{4-230}$$

(2) 建立评语等级集合。

设评语等级集合为

$$V=\{v_1,v_2,v_3,v_4,v_5\} \tag{4-231}$$

根据 4.2.4 节设计的城市综合管廊健康等级，集合中 v_1、v_2、v_3、v_4、v_5，分别表示完好状况等级 A、B、C、D、E。

(3) 确定单因素评价矩阵。

材料性能建立的隶属向量：

$$\boldsymbol{R}_{u13i}=\begin{pmatrix}r_{u13i1} & r_{u13i2} & r_{u13i3} & r_{u13i4} & r_{u13i5}\end{pmatrix}\quad (i=1,2,\cdots,6) \tag{4-232}$$

由隶属向量 $\boldsymbol{R}_u$ 即可建立主体结构中材料性能的单因素评价矩阵 $\boldsymbol{R}'_u$。

(4) 模糊综合评价是通过模糊算子建立模糊综合评价模型的过程。本体状况评价与本体结构评价所采用的评价方式一致，故不做赘述。

2. 二级模糊综合评价

同 4.5.1 节一致，目标因素对评语集合的隶属向量 $\boldsymbol{Z}$：

$$\boldsymbol{Z}=\boldsymbol{W}_v\times\begin{pmatrix}\boldsymbol{R}_{u1}^{\mathrm{T}} & \boldsymbol{R}_{u2}^{\mathrm{T}}\end{pmatrix}^{\mathrm{T}} \tag{4-233}$$

3. 模糊向量单值化

分别给评语 v_1、v_2、v_3、v_4、v_5 赋值 5、4、3、2、1，则

$$F=\frac{5\times z_1+4\times z_2+3\times z_3+2\times z_4+1\times z_5}{z_1+z_2+z_3+z_4+z_5} \tag{4-234}$$

采用均分方法确定 5 个健康等级的评分区间，见表 4-26。

表 4-26 本体结构状况量化分级表

等级	健康状况	等级向量	评分区间
A	无缺损，常规保养	5	4.2～5.0
B	结构轻微缺损，影响日常运营，按需要进行维护保养	4	3.4～4.2
C	结构缺损一般，影响管线安全运行，需要计划进行局部维修	3	2.6～3.4
D	结构破损较严重，对管线运营造成严重威胁，需要立即处治	2	1.8～2.6
E	结构破损严重，无法使用，需要进行更换改造	1	1.0～1.8

4. 算例

综合管廊本体结构状况评价时，相对本体完好状况评价更进一步地考虑了管廊材料性能状况，故在 4.5.1 节检查结果的基础上，增加了对该段管廊结构材料性能进行检测，完成结构定期检测，得到材料性能检测结果如表 4-27 所示。

表 4-27 某矿山法综合管廊结构一防火区间材料性能检测结果

项目	材料性能					
	混凝土强度 (q_i/q)	混凝土碳化深度 (t_i/t)	钢筋保护层厚度 (a_{si}/a_s)	钢筋锈蚀电位水平/(mV)	结构厚度 (h_i/h)	回填密实度
检测结果	0.83，$l<5$	0.4	0.90	−245	0.90，$l<5$	暂无

(1) 确定单因素评价矩阵。

廊体、施工缝和变形缝、附属结构的检测结果没变，所以由检测结果得到的计算结果不变，所以评价矩阵采用 4.5.1 节计算结果，此处不做重复计算，只计算材料性能指标的评价矩阵。

①混凝土强度，构造隶属度函数：

$$\mu_1=\begin{cases}0 & x\leqslant 0.65\\ \dfrac{1}{1+0.04(x-0.65)^{-2}} & x>0.65\end{cases} \tag{4-235}$$

$$\mu_2=\frac{1}{1+400(x-0.8)^2} \tag{4-236}$$

$$\mu_3=\frac{1}{1+400(x-0.7)^2} \tag{4-237}$$

$$\mu_4=\begin{cases}1 & x\leqslant 0.55\\ \dfrac{1}{1+100(x-0.55)^2} & x>0.55\end{cases} \tag{4-238}$$

$$\boldsymbol{R}_{u131}=\begin{pmatrix}0.314 & 0.516 & 0.090 & 0.079 & 0\end{pmatrix} \tag{4-239}$$

②混凝土碳化深度，构造隶属度函数：

$$\mu_1=\begin{cases}1 & x\leqslant 0.2\\ \dfrac{1}{1+11(x-0.2)^2} & x>0.2\end{cases} \tag{4-240}$$

$$\mu_2 = \frac{1}{1+16(x-0.75)^2} \tag{4-241}$$

$$\mu_3 = \frac{1}{1+16(x-1.25)^2} \tag{4-242}$$

$$\mu_4 = \frac{1}{1+16(x-1.75)^2} \tag{4-243}$$

$$\mu_5 = \begin{cases} 0 & x \leqslant 0.8 \\ \dfrac{1}{1+1.44(x-0.8)^{-2}} & x > 0.8 \end{cases} \tag{4-244}$$

$$\boldsymbol{R}_{u132} = \begin{pmatrix} 0.606 & 0.295 & 0.070 & 0.029 & 0 \end{pmatrix} \tag{4-245}$$

③钢筋保护层厚度，构造隶属度函数：

$$\mu_1 = \begin{cases} 0 & x \leqslant 0.7 \\ \dfrac{1}{1+0.06(x-0.7)^{-2}} & x > 0.7 \end{cases} \tag{4-246}$$

$$\mu_2 = \frac{1}{1+100(x-0.9)^2} \tag{4-247}$$

$$\mu_3 = \frac{1}{1+204(x-0.78)^2} \tag{4-248}$$

$$\mu_4 = \frac{1}{1+204(x-0.63)^2} \tag{4-249}$$

$$\mu_5 = \begin{cases} 1 & x \leqslant 0.5 \\ \dfrac{1}{1+400(x-0.5)^{-2}} & x > 0.5 \end{cases} \tag{4-250}$$

$$\boldsymbol{R}_{u133} = \begin{pmatrix} 0.432 & 0.431 & 0.110 & 0.027 & 0 \end{pmatrix} \tag{4-251}$$

④钢筋锈蚀电位水平，构造隶属函数：

$$\mu_1 = \begin{cases} 0 & x \leqslant -500 \\ \dfrac{1}{1+90000(x+500)^{-2}} & x > -500 \end{cases} \tag{4-252}$$

$$\mu_2 = \frac{1}{1+0.0004(x+250)^2} \tag{4-253}$$

$$\mu_3 = \frac{1}{1+0.0004(x+350)^2} \tag{4-254}$$

$$\mu_4 = \frac{1}{1+0.0004(x+450)^2} \tag{4-255}$$

$$\mu_5 = \begin{cases} 1 & x \leqslant -550 \\ \dfrac{1}{1+0.0004(x+550)^2} & x > -550 \end{cases} \tag{4-256}$$

$$\boldsymbol{R}_{u134} = \begin{pmatrix} 0.250 & 0.591 & 0.110 & 0.033 & 0.016 \end{pmatrix} \tag{4-257}$$

⑤结构厚度，构造隶属度函数：

$$\mu_1=\begin{cases}0 & x\leqslant 0.6\\ \dfrac{1}{1+0.09(x-0.6)^{-2}} & x>0.6\end{cases} \tag{4-258}$$

$$\mu_2=\frac{1}{1+204(x-0.83)^2} \tag{4-259}$$

$$\mu_3=\frac{1}{1+204(x-0.68)^2} \tag{4-260}$$

$$\mu_4=\begin{cases}1 & x\leqslant 0.5\\ \dfrac{1}{1+100(x-0.5)^2} & x>0.5\end{cases} \tag{4-261}$$

$$\boldsymbol{R}_{u135}=\begin{pmatrix}0.759 & 0.140 & 0.089 & 0.012 & 0\end{pmatrix} \tag{4-262}$$

⑥混凝土密实度，由于本次检测实例暂未提供具体数值，所以其隶属向量为

$$\boldsymbol{R}_{u136}=\begin{pmatrix}0 & 0 & 0 & 0 & 0\end{pmatrix} \tag{4-263}$$

(2) 一级模糊综合评价。

①廊体综合评价结果，采用 4.5.1 节计算结果为

$$\boldsymbol{R}_{u11}=\boldsymbol{W}_{11}\times\boldsymbol{R}'_{u11}=\begin{pmatrix}0 & 0.600 & 0.364 & 0.034 & 0\end{pmatrix} \tag{4-264}$$

②施工缝和变形缝综合评价结果，采用 4.5.1 节计算结果为

$$\boldsymbol{R}_{u12}=\boldsymbol{W}_{12}\times\boldsymbol{R}'_{u12}=\begin{pmatrix}0 & 0 & 0.5 & 0 & 0\end{pmatrix} \tag{4-265}$$

③结构材料性能综合评价结果为

$$\begin{aligned}\boldsymbol{R}_{u13}&=\boldsymbol{W}_{11}\times\boldsymbol{R}'_{u11}\\ &=\begin{pmatrix}0.184 & 0.149 & 0.098 & 0.098 & 0.184 & 0.286\end{pmatrix}\times\\ &\quad\begin{pmatrix}0.314 & 0.516 & 0.090 & 0.079 & 0\\ 0.606 & 0.295 & 0.070 & 0.029 & 0\\ 0.432 & 0.431 & 0.110 & 0.027 & 0\\ 0.250 & 0.591 & 0.110 & 0.033 & 0.016\\ 0.759 & 0.140 & 0.089 & 0.060 & 0\\ 0 & 0 & 0 & 0 & 0\end{pmatrix}\\ &=\begin{pmatrix}0.355 & 0.265 & 0.065 & 0.036 & 0.002\end{pmatrix}\end{aligned} \tag{4-266}$$

④主体结构综合评价结果：

$$\begin{aligned}\boldsymbol{R}_{u1}&=\boldsymbol{W}_{1}\times\boldsymbol{R}'_{u1}\\ &=\begin{pmatrix}0.412 & 0.176 & 0.412\end{pmatrix}\times\begin{pmatrix}0 & 0.600 & 0.364 & 0.034 & 0\\ 0 & 0 & 0.5 & 0 & 0\\ 0.355 & 0.265 & 0.065 & 0.036 & 0.002\end{pmatrix}\\ &=\begin{pmatrix}0.146 & 0.356 & 0.265 & 0.029 & 0.001\end{pmatrix}\end{aligned} \tag{4-267}$$

⑤附属结构综合评价结果，采用 4.5.1 节计算结果为

$$\boldsymbol{R}_{u2}=\boldsymbol{W}_{2}\times\boldsymbol{R}'_{u2}=\begin{pmatrix}0.65 & 0.35 & 0 & 0 & 0\end{pmatrix} \tag{4-268}$$

(3) 二级模糊综合评价。

$$
\begin{aligned}
\boldsymbol{Z} &= \boldsymbol{W}_v \times \left(\boldsymbol{R}_{u1}^{\mathrm{T}} \quad \boldsymbol{R}_{u2}^{\mathrm{T}}\right)^{\mathrm{T}} \\
&= \left(0.699 \quad 0.301\right) \times \begin{pmatrix} 0.146 & 0.356 & 0.265 & 0.029 & 0.001 \\ 0.65 & 0.35 & 0 & 0 & 0 \end{pmatrix} \\
&= \left(0.298 \quad 0.354 \quad 0.185 \quad 0.020 \quad 0.001\right)
\end{aligned} \tag{4-269}
$$

归一化处理后：

$$
\boldsymbol{Z} = (0.347 \quad 0.412 \quad 0.216 \quad 0.024 \quad 0.001) \tag{4-270}
$$

该段综合管廊本体完好状况值：

$$
F = \frac{5\times 0.347 + 4\times 0.412 + 3\times 0.216 + 2\times 0.024 + 1\times 0.001}{0.347 + 0.412 + 0.216 + 0.024 + 0.001} = 4.08 \tag{4-271}
$$

评价结果表明，该段综合管廊的结构状况评定为 B 级，该防火区间管段结构存在轻微病害，根据需要进行保养维护。

4.6 本 章 小 结

本章对不同形式的城市综合管廊结构，构建了基于模糊综合评价原理的综合评价模型，主要包括明挖法、盾构法和矿山法，为城市综合管廊结构的健康综合评价提供了行之有效的途径。

(1) 分析了当前常用的综合评价方法以及评价模型，对比了不同方法之间的优缺点，从城市综合管廊结构特点以及运营管理需求出发，选择了比较合适的评价方法——模糊综合评判方法作为综合评价城市综合管廊状况的方法。

(2) 分析和选择了模糊综合评价方法中的几个关键因素，如隶属函数、模糊算子、结果分析方法；同时，参考国内外各类地下结构健康等级划分方式，考虑城市综合管廊与城市轨道交通隧道具有一定相似性，建立与之相似的等级划分方法，为后续建立评价模型打下基础。

(3) 最后结合第 3 章中建立的评价指标体系、设计的健康评价等级以及计算的指标间权重分配，基于本体运营安全需求和本体结构安全需求，分别建立了明挖法、盾构法以及矿山法三种不同结构形式综合管廊的本体完好状况评价模型和本体结构状况评级模型，同时还针对每一评价模型给出了相应的算例，验证了各模型的计算方法。

5　基于成都市综合管廊的结构健康状况评价方法

第4章中采用模糊综合评价的数学模型和方法，提出了对明挖法、盾构法和矿山法这三种常见的城市综合管廊的结构状况进行评价的方法。但是模糊综合评价法在实际应用过程中也存在着需要操作人员具备一定的数学基础、操作和计算过程烦琐等局限，要应用于工程实际中还存在一定的困难。因此，本章结合成都市城市综合管廊的运行管理需求，研究和提出了一套相对较为实用的评价模型和方法，并结合《成都市地下综合管廊检测评估技术标准》的编制工作，将本章的部分研究工作成果总结整理进了该技术标准中。

5.1　成都市城市综合管廊规划与建设概况

2015年，我国城市地下综合管廊建设正处于大规模建设时期，有10个城市作为首批综合管廊建设试点城市，2016年，成都市成为第二批综合管廊建设试点城市[115]。

1. 成都市城市综合管廊规划情况

成都市政府在《成都市城市建设“十三五”规划》中提出：发展综合管廊建设，中心城区将逐步完善“一环，十射，多片”的综合管廊系统，共56km；天府新区将逐步完善“四横三纵，九片”的综合管廊系统，共42km；在成都市近、远郊区新建综合管廊102km。根据成都市综合管廊建设规划，城市发展需求和建设特点，相关单位编制了《成都市地下综合管廊设计导则》用于指导成都市综合管廊的建设和设计工作。根据出台的《成都市地下综合管廊设计导则》，成都市在新区新建道路项目结合干线市政廊道重点选用大中型综合管廊，在老城区及市政道路改扩建项目中选用小型综合管廊、微型综合管廊和缆线管廊。

2. 成都市城市综合管廊示例及修建方法

成都市根据建设范围内实际路况，设计和采用了不同断面形式和结构形式的综合管廊，其中草金路管廊为微型管廊断面设计，日月大道综合管廊采用单层四舱断面设计，IT大道综合管廊采用了双层五舱断面设计，雅州路综合管廊采用了单层双舱断面形式，成洛大道综合管廊采用了圆形四舱断面设计[116]。目前成都市城市综合管廊主要采用明挖法修建，局部区段采用了盾构法[117]。因此，本章也主要针对这两种结构形式的城市综合管廊的综合评价方法进行了研究和分析。

草金路微型综合管廊项目位于成都市武侯区，布置于道路两侧，全长6km，断面为单层单舱形式(2.6m×1.8m)，采用明挖法施工，如图5-1所示。草金路管廊纳入10kV电力、给水配水管和通信管线。

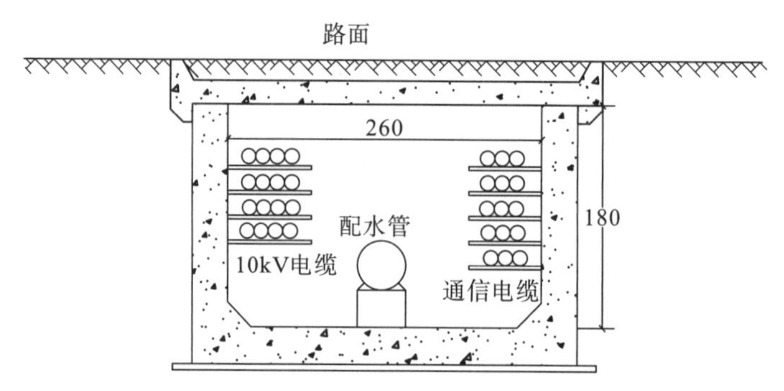

图5-1 草金路微型综合管廊断面形式(单位：cm)

日月大道综合管廊项目位于成都市青羊区，工程范围为三环路至绕城高速，全长约5.5km。综合管廊标准断面为四舱型式(13.4m×3.8m)，采用明挖法施工，部分区段采用了工业化预制板，如图5-2所示。管廊纳入10kV电力、通信、配水、110kV及以上电力、DN1400输水、再生水、燃气。

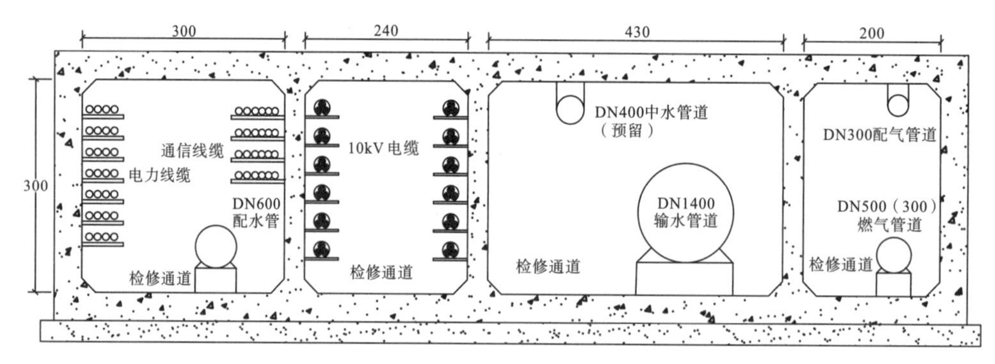

图5-2 日月大道综合管廊断面形式(单位：cm)

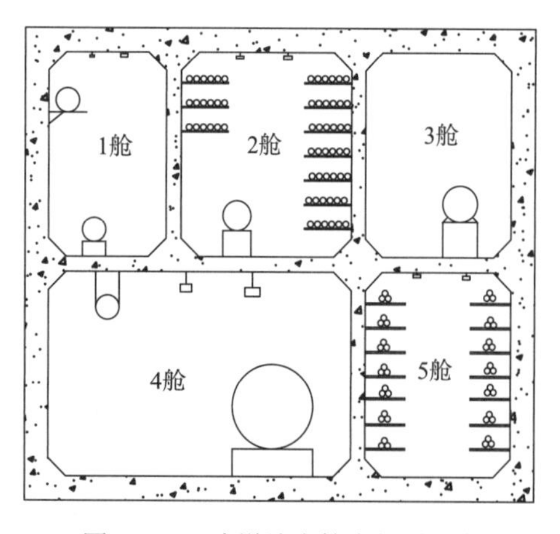

图5-3 IT大道综合管廊断面形式

IT大道综合管廊位于成都市金牛区和高新西区，工程范围为清水河至绕城高速，全长约5.7km。受管线、征地拆迁制约，综合管廊标准断面采用双层五舱型式(8.75m×7.8m)，采用明挖法施工，如图5-3所示。上层为燃气舱(1号舱)、综合舱(2号舱)、排水舱(3号舱，金牛段为雨水舱、高新段为污水舱)，下层为输水舱(4号舱)、高压电力舱(5号舱)。其中，管廊纳入管线为110kV及以上高压电力电缆、10kV电力电缆、DN1400输水管、配水管、再生水管、通信线缆、排水管(金牛段为雨水、高新段为污水)、燃气管。

雅州路综合管廊位于天府新区的核心区域，全长约 2.4km。管廊采用双舱(10.1m×3.8m)结构，形式如图 5-4，采用明挖法施工，分为 1 号舱和 2 号舱。1 号舱的管线有 10kV 电力、通信、配水管、再生水，2 号舱的管线有输水管、预留再生水、预留能源管。考虑到今后与远期规划干线综合管廊相连时 1 号舱车行检修的需求，在 1 号舱内设置了车行检修通道。

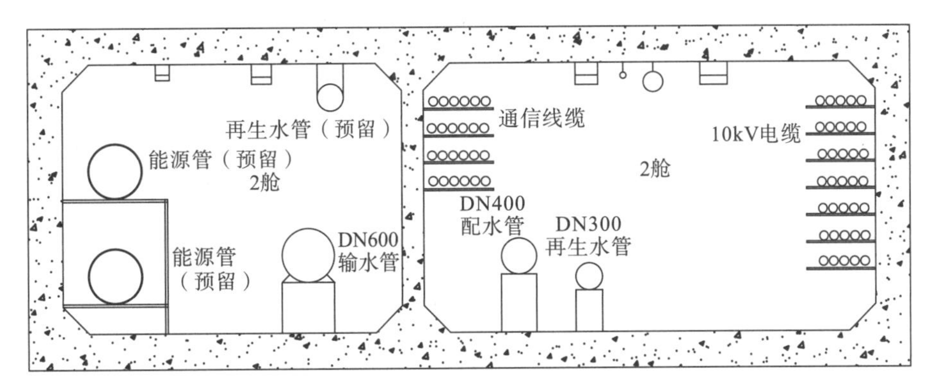

图 5-4 雅州路综合管廊断面形式

成洛大道地下综合管廊项目位于成都市中心城区东部，沿线下穿成都地铁 4 号线、东风渠及明蜀路下穿隧道，侧穿成都大学下穿隧道，全长 4437m，管廊隧道采用圆形断面(如图 5-5 所示)，外径 9.33m，内径 8.1m，内部由水电信舱、高压电力舱、燃气舱和输水舱 4 个独立舱室组成，廊内管线包括自来水、燃气、通信、电力和垃圾渗滤液管等。

图 5-5 成洛大道综合管廊断面形式

5.2 构建评价指标体系

5.2.1 遴选评价指标

根据前面的研究，综合管廊的健康状况是受多因素影响的，所以评价综合管廊的健康状况需要考虑各方面具有代表性且数量合适的指标进行评价。一般地，指标选择数量过多或者过少都会造成综合评价结果出现偏差，所以遴选评价指标时需要遵循与前面研究相同的遴选原则，即：科学性原则、完备性原则、简约性原则、独立性原则、可操作性原则和层次性原则。

依据前面第1章和第2章对城市综合管廊及相关技术规范的调研工作得到的结论，同时结合成都市综合管廊的修建情况可知：

(1)综合管廊的健康评价工作同样需要分为两个层次，一个是基于综合管廊运营安全的本体完好状况评价，另一个则是基于结构安全的本体结构状况评价；

(2)成都市综合管廊的结构形式主要有明挖法综合管廊、盾构法综合管廊两种，以上两种结构形式在运营过程中，发生的破损形式存在差异，需要结合各自结构特点遴选合适的评价指标；

(3)综合管廊结构分为主体结构和附属结构，管理单位在运营维护管理工作中有主次之分，所以在选择评价指标和构建评价体系时，既要考虑全面，也要分主次。

因此，在遴选成都市综合管廊的评价指标时，需要针对本体完好状况和本体结构状况两个评价层次，及明挖法和盾构法两种结构形式综合管廊的结构特点，同时区分主体结构和附属结构，选择相应且合适的评价指标，并以此构建相应且完整的评价体系。

1. 明挖法综合管廊健康状况评价指标

(1)明挖法综合管廊本体完好状况评价指标。

在3.2.1节中，根据明挖法综合管廊的结构形式特点，同时也参考《城市轨道交通隧道结构养护技术标准》(CJJ/T 289—2018)中有关明挖法轨道交通隧道的划分方式，对一般性明挖法综合管廊的本体完好状况评价指标进行了分析与总结。成都市明挖法综合管廊本体完好状况评价指标如表5-1所示。

表5-1 成都市明挖法综合管廊本体完好状况评价指标

<table>
<tr><th colspan="2">结构部位</th><th>评价指标</th><th>结构部位</th><th>评价指标</th></tr>
<tr><td rowspan="9">主体结构</td><td rowspan="7">廊体</td><td>蜂窝、麻面、空洞、孔洞</td><td rowspan="9">附属结构</td><td>人员出入口</td></tr>
<tr><td>压溃、剥落剥离</td><td>吊装口</td></tr>
<tr><td>材料劣化</td><td>逃生口</td></tr>
<tr><td>渗漏水</td><td>通风口</td></tr>
<tr><td>钢筋锈蚀</td><td>管线分支口</td></tr>
<tr><td>裂缝</td><td>井盖、盖板</td></tr>
<tr><td>结构变形速率</td><td>支墩、支吊架</td></tr>
<tr><td rowspan="2">施工缝和变形缝</td><td>压溃、错台</td><td>预埋件、锚固螺栓</td></tr>
<tr><td>渗漏水</td><td>排水结构</td></tr>
</table>

(2)明挖法综合管廊本体结构状况评价指标。

影响主体结构状况则有廊体结构、施工缝和变形缝、材料性能三部分。前文确定了明挖法综合管廊的廊体、施工缝和变形缝的评价指标，接下来则需要确定影响材料性能的评价指标。表征本体结构材料性能的指标有混凝土实际强度、混凝土碳化深度、钢筋保护层厚度、钢筋锈蚀状况、结构厚度、背后空洞。

2. 盾构法综合管廊健康状况评价指标

(1) 盾构法综合管廊本体完好状况评价指标。

在 3.2.2 节中，根据盾构法综合管廊的结构形式特点，同时也参考《城市轨道交通隧道结构养护技术标准》(CJJ/T 289—2018) 中有关盾构法轨道交通隧道的划分方式，对一般性盾构法综合管廊的本体完好状况评价指标进行了分析与总结。成都市盾构法综合管廊本体完好状况评价指标如表 5-2 所示。

表 5-2　成都市盾构法综合管廊本体完好状况评价指标

<table>
<tr><th colspan="2">结构部位</th><th>检测项目</th><th>结构部位</th><th>检测项目</th></tr>
<tr><td rowspan="10">主体结构</td><td rowspan="7">管片</td><td>蜂窝、麻面、空洞、孔洞</td><td rowspan="10">附属结构</td><td>人员出入口</td></tr>
<tr><td>压溃、剥落剥离</td><td>吊装口</td></tr>
<tr><td>材料劣化</td><td>逃生口</td></tr>
<tr><td>渗漏水</td><td>通风口</td></tr>
<tr><td>钢筋锈蚀</td><td>管线分支口</td></tr>
<tr><td>管片裂缝</td><td>井盖、盖板</td></tr>
<tr><td>收敛变形</td><td>支墩、支吊架</td></tr>
<tr><td rowspan="2">管片接缝和变形缝</td><td>错台</td><td>预埋件、锚固螺栓</td></tr>
<tr><td>渗漏水</td><td>排水结构</td></tr>
<tr><td>管片锚固螺栓</td><td>损坏、丢失、松动</td><td></td></tr>
</table>

(2) 盾构法综合管廊本体结构状况评价指标。

盾构法综合管廊与明挖法综合管廊一样，除综合管廊本体完好状况检测之外，还需要更进一步的检测以了解综合管廊结构的材料性能，判断结构的耐久性能、结构的健康状况。影响主体结构状况则有管片、管片接缝和变形缝、管片锚固螺栓、材料性能四部分。前面有关管片结构、管片接缝和变形缝、管片锚固螺栓的指标已确定，接下来则需要确定影响材料性能的评价指标。

根据 3.2.2 节中对影响材料性能的指标的分析与总结，表征本体结构材料性能的指标有：混凝土实际强度，混凝土碳化深度，钢筋保护层厚度，钢筋锈蚀状况，结构厚度，混凝土密实度，管片背后空洞。

5.2.2　构建评价指标体系

前面 3.2 节的研究，确定了一般性明挖法和盾构法不同需求层次的评价指标内容，在 5.2.1 节中，沿用一般性综合管廊的评价指标，确定了成都市明挖法和盾构法综合管廊基于运营安全和结构安全需求的评价指标。3.2 节所遴选的指标间具有相应的层次和从属关系，在 3.3 节中，依照指标间的关系，建立了相应且完整的评价指标体系，体现各指标对综合管廊总体的影响。因此，根据 5.2.1 节所述内容，构建成都市综合管廊健康状况的评价指标体系。

1. 明挖法综合管廊健康状况评价指标体系

(1)明挖法综合管廊本体完好状况评价指标体系。

5.2.1 节中明挖法综合管廊本体完好状况评价指标内容是沿用了一般性明挖法综合管廊的评价指标，构建的指标体系如图 5-6 所示。

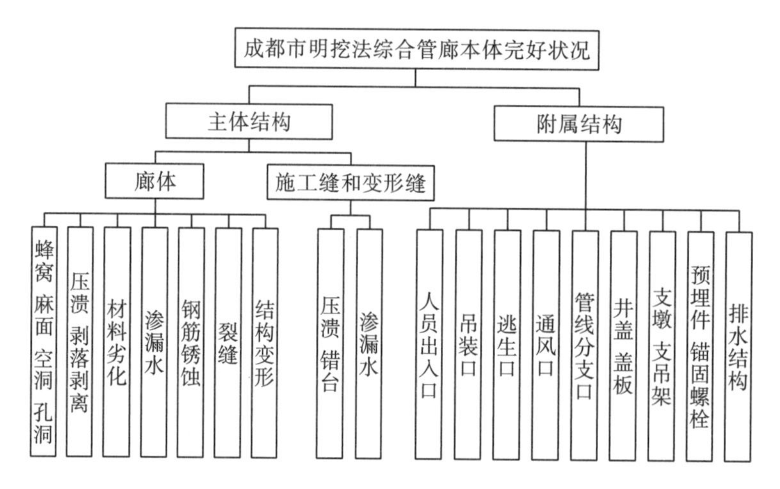

图 5-6 成都市明挖法综合管廊本体完好状况评价指标体系

(2)明挖法综合管廊本体结构状况评价指标体系。

5.2.1 节中明挖法综合管廊本体结构状况评价指标内容虽然沿用了一般性明挖法综合管廊的评价指标，但是指标间的层次和从属关系存在一定差异。根据前面的研究，主体结构的材料性能指标，只是表征廊体，与施工缝和变形缝之间不存在明显关联；同时，在调研成都市综合管廊时，与管理单位进行沟通，认为将材料性能指标纳入廊体结构中一并考虑会更合适，因此，构建的指标体系如图 5-7 所示。

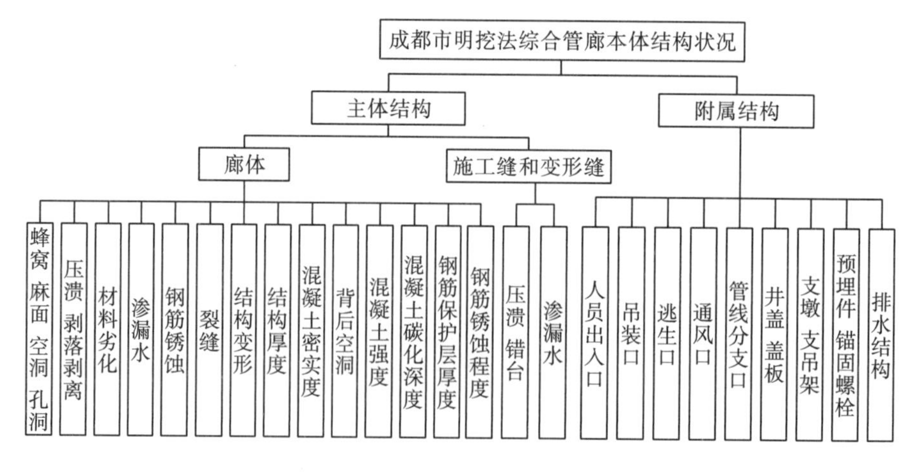

图 5-7 成都市明挖法综合管廊本体结构状况评价指标体系

2. 盾构法综合管廊健康状况评价指标体系

(1)盾构法综合管廊本体完好状况评价指标体系。

5.2.1 节中盾构法综合管廊本体完好状况评价指标内容同样是沿用了一般性盾构法综合管廊的评价指标，构建的指标体系如图 5-8 所示。

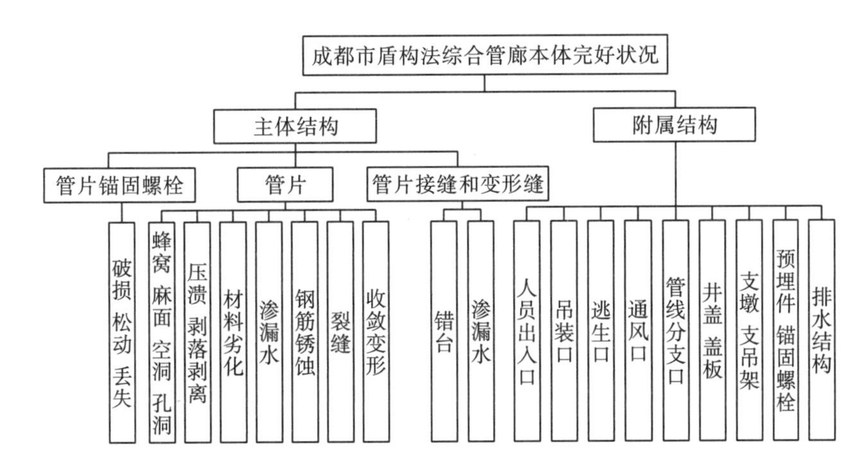

图 5-8 成都市盾构法综合管廊本体完好状况评价指标体系

(2)盾构法综合管廊本体结构状况评价指标体系。

5.2.1 节中盾构法综合管廊本体结构状况评价指标内容情况与成都市明挖法综合管廊本体结构状况评价指标体系一样，构建得到的指标体系如图 5-9 所示。

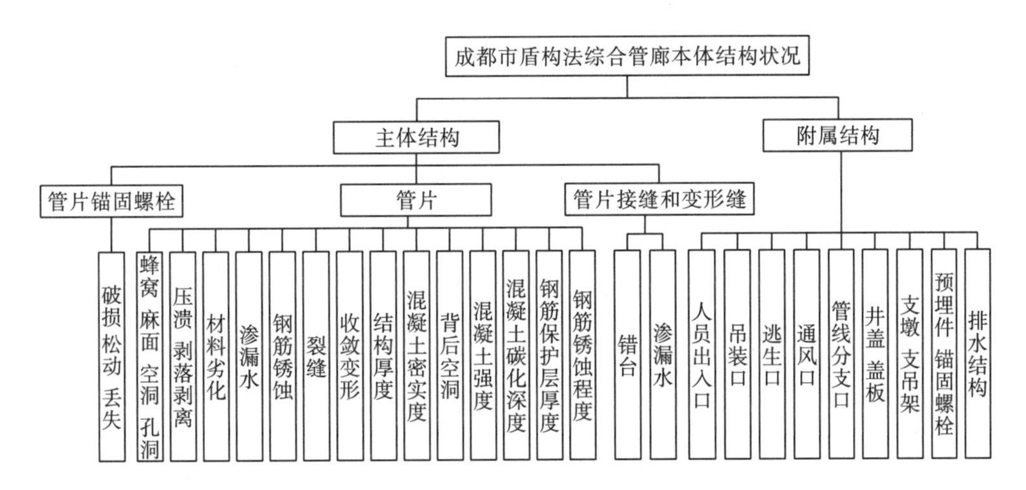

图 5-9 成都市盾构法综合管廊本体结构状况评价指标体系

5.3 健康等级设计与指标分级判定标准划分

1. 成都市综合管廊结构健康等级设计

划分综合管廊健康等级对综合管廊的运营维护工作有着明显的指导意义，负责运营工作的管理单位可以根据检测结果确定的健康等级，选择最合适的维修养护强度，提高运行维护工作的针对性和效率。在 4.2.4 节中，先对比分析了国内外隧道结构的健康等级划分方式，再参考相关类似研究，结合综合管廊的结构特点，对健康等级的划分问题进行了深入研究，最终采用五级划分方式确定了综合管廊健康等级划分。

通过前文的相应深入研究，成都市综合管廊健康状况的等级划分采用相同的等级划分方式，故本体完好状况等级划分与本体结构状况等级划分如表 5-3 和表 5-4 所示。

表 5-3 成都市城市综合管廊本体完好状况健康等级分级表

健康等级	评定标准
A 级	无缺损，常规保养
B 级	本体轻微缺损，影响日常运营，按需要进行保养维护
C 级	本体缺损一般，影响管线安全运行，需要制定计划进行局部维修
D 级	本体缺损较严重，对管线运营造成严重威胁，需要立即处治
E 级	本体缺损严重，管线无法继续运行，需要进行更换改造

表 5-4 成都市城市综合管廊本体结构状况健康等级划分表

健康等级	评定标准
A 级	无缺损，常规保养
B 级	结构轻微缺损，影响日常运营，按需要进行保养维护
C 级	结构缺损一般，影响管线安全运行，需要制定计划进行局部维修
D 级	结构破损较严重，对管线运营造成严重威胁，需要立即处治
E 级	结构破损严重，无法使用，需要进行更换改造

2. 评价指标分级判定标准

判定标准是指对应于某一健康等级，各层评价指标的值或状态应处于的变化区间或状态。判定标准包括定性的判定标准、定量的判定标准以及定性与定量相结合的判定标准。本书 3.4 节对明挖法和盾构法的所有评价指标进行了深入研究，并确定了判定等级。故成都市综合管廊评价指标的分级判定标准将采用以上研究成果，见本书相应部分的内容。

5.4 评价模型基本原理及选用

本书在 4.1 节中已经对模糊综合评判、层次分析法、可拓学健康诊断、云理论分析、功效系数法、幂指数法的思想、基本模型和步骤做出了深入研究，并对比分析了不同方法的优缺点。此外，4.3～4.5 节选择了模糊综合评价方法建立了不同综合管廊结构形式的评价模型，通过算例可知，模糊综合评价法虽然对多层次、多因素的复杂问题评价效果较好，但是用于实际检测评价工作时，评价效率方面就显得不足。因此，在选择评价方法时，需要注重评价效率，保证评价结果具有足够的安全系数。经比较分析，综合管廊的运营安全和结构安全评价方法采用分层综合评价与单控指标相结合的方法（简称“规范法”）。

1. 基本原理

该方法在《公路隧道养护技术规范》（JTG H12—2015）中得到应用，用于对公路隧道技术状况的评定工作。因此，以公路隧道技术状况的评定流程为例，阐述规范法的基本原理。在评定公路隧道技术状况时，先将公路隧道分为土建结构、机电设施、其他工程设施三部分，依据规范完成公路隧道三部分中各个分项的评定工作，确定各个分项的状况值；然后以各个分项的状况值为基础，按照给定的方法依次计算土建结构、机电设施、其他工程设施的技术状况；最后确定整座隧道总体技术状况。

2. 基本模型及步骤

分层综合评价与单控指标结合的评价方法的评价步骤大致如下：

①建立层次结构和确定评价指标集。应用规范法解决问题，在建立指标间层次结构问题时，借鉴层次分析法的思想，将问题条理化、层次化，将评价目标分为多个层次，充分体现各个指标对目标的影响。根据建立的层次结构以及结构特点，确定相应的评价指标集 $U=\{u_1,u_2,\cdots,u_n\}$。

②确定评语等级集合。根据目标的特点，确定用于衡量被评价指标的表现以及目标的健康状况的评语等级。假设评语有 n 个，则评语等级集合为 $V=\{v_1,v_2,\cdots,v_n\}$。

③确定各层次评价指标的权重。一般情况下，不同评价指标对被评价对象的重要程度是各不相同的，因此在对评价对象进行综合评价时需要确定不同指标的权重 $\omega=\{\omega_1,\omega_2,\cdots,\omega_n\}$。

④利用分项记分的方法，根据各个指标的分级判定标准，对各个指标的实际表现状况进行评价打分，确定各分项内不同指标因素的分数。

⑤通常为保证安全系数，和获得相对保守的评价结果，在每一分项内设置唯一的评价标准，利用单一标准，选择各分项中满足标准的唯一指标结果。

⑥按照各影响因素及评价指标之间的隶属关系，分层次进行综合评价，最终得到综合管廊结构健康状况值。

⑦对综合管廊结构健康状况值进行分析。综合管廊结构健康状况值是唯一值，代入到评估分级界限，判断综合管廊等级。

3. 方法特点及优劣

规范法立足于工程实践，强调基于广泛调研和客观统计，将影响综合管廊结构和功能的重要因素从所有相关要素中提炼得出，使之更具有针对性。同时结合主观经验进行赋权，集合行业内部多批专家进行数次修订，可以较好地满足工程效率和质量要求。该方法可以很好地满足工程效率，且获得结果通常相对保守，比较契合综合管廊运营维护工作的要求，因此该方法可以应用于成都市综合管廊健康状况评价工作。

5.5 分项评价指标权重确定

将规范法应用于成都市综合管廊健康状况评价模型中，评价指标、评价目标等级划分工作已经完成；对综合管廊进行健康评价时，需要考虑各个指标对总目标的影响，但不同指标的影响各有差异，需要通过相应的权重系数来体现各个指标重要程度，所以，接下来将需要确定各个分项的权重分配。

3.5 节中先介绍了当前常用的几类权重计算的方法，有主观赋权法、客观赋权法和组合赋权法，之后采用了主观赋权法中的层次分析法，选择了合适的标度，依据指标间的重要程度，计算了所有指标的权重分配方案。

在确定成都市综合管廊健康状况评价体系中各指标的权重分配过程中，为了适应成都市综合管廊的建设现状以及运营维护工作，以 3.5 节的研究成果为基础，进行适当调整，确定了成都市综合管廊健康状况评价体系中主体结构和附属结构的权重分配，以及主体结构和附属结构中各个分项的权重分配如表 5-5～表 5-7 所示。

表 5-5 成都市综合管廊主体结构和附属结构权重分配

结构部位	权重
主体结构	0.7
附属结构	0.3

表 5-6 成都市综合管廊主体结构各分项权重分配

明挖法		盾构法	
分项	权重	分项	权重
廊体	0.7	管片	0.6
施工缝和变形缝	0.3	管片接缝和变形缝	0.25
/	/	管片锚固螺栓	0.15

表 5-7 成都市综合管廊附属结构各分项权重分配

分项	权重	分项	权重
人员出入口	0.15	井盖、盖板	0.1
吊装口	0.05	支墩、支吊架	0.1
逃生口	0.15	预埋件、锚固螺栓	0.15
通风口	0.1	排水结构	0.1
管线分支口	0.1	/	/

5.6 构建综合评价模型

5.6.1 成都市综合管廊本体完好状况评价模型

1. 建立评价模型

(1)确定评价指标集。

依据前文确定的明挖法和盾构法综合管廊的本体完好性评价指标，主体结构和附属结构的评价指标集。

①主体结构评价指标集：

$$U_1=\{u_{11},u_{12},\cdots,u_{1m}\} \tag{5-1}$$

②附属结构评价指标集：

$$U_2=\{u_{21},u_{22},\cdots,u_{29}\} \tag{5-2}$$

(2)建立评语等级集合。

利用城市综合管廊本体完好状况等级衡量被评价指标的表现及评价目标的完好状况，设评语等级集合为

$$V=\{v_1,v_2,v_3,v_4,v_5\} \tag{5-3}$$

根据 5.3 节设计的城市综合管廊健康等级，集合中 v_1、v_2、v_3、v_4、v_5 分别表示完好状况等级 A、B、C、D、E。

(3)确定主体结构和附属结构以及各个分项的指标权重。

综合管廊的不同结构、不同分项部位对管廊总体的影响程度各有差异，需要通过权重系数来展现各个分项影响程度的大小。

本章 5.5 节以前面的研究成果为基础，确定成都市明挖法和盾构法综合管廊主体结构与附属结构的权重分配，以及主体结构中各分项和附属结构中各分项的权重分配，如表 5-1～表 5-3 所示。

(4)确定各指标分值。

根据 5.3 节中确定的明挖法和盾构法综合管廊中主体结构和附属结构各个指标的分级判定标准，对各评价指标健康等级 1、2、3、4、5 级，分别赋值 0、1、2、3、4，即为各指标的评价分值；对实际检测结果进行健康等级判定，确定各指标分值 $MBCI_{ij}$(主体结构

各分项评估分值)，$ABCI_{ij}$(附属结构各分项评估分值)。

(5)遴选指标分值参与计算。

为了保证结构的安全系数和获得相对保守的评价结果，选择各分项中表现最差的指标参与计算，即选择分项中分值最大的指标参与计算，用式(5-4)和式(5-5)表示。

$$MBCI_i = \max(MBCI_{ij}) \tag{5-4}$$

$$ABCI_i = \max(ABCI_{ij}) \tag{5-5}$$

(6)分层综合评价，计算综合管廊本体完好状况值。

一级综合评价用式(5-6)和式(5-7)表示。

主体结构：

$$MBCI = 100 \times \left[1 - \frac{1}{4} \sum_{i=1}^{n} \left(MBCI_i \times \frac{\omega_i}{\sum_{i=1}^{n} \omega_i} \right) \right] \tag{5-6}$$

式中，$MBCI_i$——综合管廊主体结构各分项本体完好状况值；

ω_i——主体结构各分项权重，由表 5-2 确定。

附属结构：

$$ABCI = 100 \times \left[1 - \frac{1}{4} \sum_{i=1}^{n} \left(ABCI_i \times \frac{\omega_i}{\sum_{i=1}^{n} \omega_i} \right) \right] \tag{5-7}$$

式中，$ABCI_i$——综合管廊附属结构各分项本体完好状况值；

ω_i——附属结构各分项权重，由表 5-3 确定。

综合考虑综合管廊主体结构和附属结构的健康状况对总体结构健康状况的影响，用式(5-8)表示为

$$CBCI = MBCI \times \omega_{MB} + ABCI \times \omega_{AB} \tag{5-8}$$

式中，$CBCI$——综合管廊本体完好状况值；

$MBCI$——综合管廊主体结构本体完好状况值；

$ABCI$——综合管廊附属结构本体完好状况值；

ω_{MB}——综合管廊主体结构的权重，由表 5-1 确定；

ω_{AB}——综合管廊附属结构的权重，由表 5-1 确定。

(7)对计算得到的该区段综合管廊本体完好状况值进行界定，确定该区段综合管廊的本体完好状况等级，如表 5-8 所示。

表 5-8　综合管廊本体完好状况评定分级界限

完好状况值	完好状况评定分级				
	A 级	B 级	C 级	D 级	E 级
CBCI	≥85	70～<85	50～<70	35～<50	<35

(8)特殊情况下综合管廊完好状况等级评定。

①廊体顶部出现大范围开裂、结构性裂缝深度贯穿衬砌混凝土；廊体结构发生明显的永久变形，且有危及结构安全和管线安全的趋势；地下水大规模涌流、喷射，地面出现涌泥砂或大面积严重积水等威胁管线安全的现象。出现以上情形之一，则管廊完好状况等级直接评为E级。

②当综合管廊本体的主体结构评估为C级，附属结构评估为D级，且管廊*CBCI*总体得分40≤*CBCI*<55时，本体总体完好状况等级可评估为C级。

③当综合管廊本体的主体结构分项标准值达到3或4，且影响管廊本体结构安全时，本体总体完好状况等级可直接评估为D级或E级。

2. 算例

以成都市某盾构法综合管廊常规定期检测结果为例，对该区段综合管廊本体完好状况进行综合评价，演示采用规范法对综合管廊本体完好状况的评价过程。

(1)该区段综合管廊主体结构常规定期检测结果如表5-9所示。

表5-9 成都市某盾构法综合管廊主体结构常规定期检测结果

分项	检测结果	评价指标标准值
管片	拱顶部位混凝土明显剥落	2
	侧墙部位局部浸渗	1
管片接缝和变形缝	错台量3mm	1
管片锚固螺栓	松动、丢失	2

依据单一指标原则，即式(5-4)，选择主体结构各分项中标准值最大的参与计算。根据检查结果，管片分项中参与计算的标准值为2，施工缝和变形缝分项中参与计算的标准值为1，管片锚固螺栓参与计算的标准值为2。根据式(5-6)，计算综合管廊主体结构的本体完好状况得分：

$$MBCI = 100 \times \left[1 - \frac{1}{4}\left(2 \times 0.6 + 1 \times 0.25 + 2 \times 0.15\right)\right] = 56.25 \tag{5-9}$$

(2)该区段综合管廊附属结构常规定期检测结果如表5-10所示。

表5-10 成都市某盾构法综合管廊附属结构常规定期检测结果

分项	检测结果	评价指标标准值
人员出入口	启闭功能轻微受损，出入功能完好	1
吊装口	无	0
逃生口	无	0
通风口	无	0
管线分支口	无	0
井盖、盖板	无	0
支墩、支吊架	无	0
预埋件、锚固螺栓	无	0
排水结构	无	0

依据单一指标原则，即式(5-5)，选择附属结构各分项中标准值最大的参与计算。根据检查结果，附属结构中除人员出入口的标准值为 1 外，其余分项的标准值都为 0。

根据式(5-7)，计算综合管廊附属结构的本体完好状况值：

$$ABCI = 100\times\left[1-\frac{1}{4}\left(1\times0.15+0\times0.05+\cdots+0\times0.1\right)\right]=96.25 \tag{5-10}$$

(3) 该区段综合管廊本体完好状况评价。

根据式(5-8)，计算该区段综合管廊本体完好状况值：

$$CBCI = 56.25\times0.7+96.25\times0.3=68.25 \tag{5-11}$$

根据表 5-1 所划定的分级界限，该段综合管廊本体完好状况应评为 C 级。

3. 结果验证

采用报告 4.4.1 节建立的盾构法综合管廊本体完好状况模糊综合评估模型进行相互验证，结果如下：

(1) 管片隶属矩阵：

$$\boldsymbol{R}_{u11}=\begin{pmatrix}1&0&0&0&0\\0&0&1&0&0\\1&0&0&0&0\\0&1&0&0&0\\1&0&0&0&0\\1&0&0&0&0\\1&0&0&0&0\end{pmatrix} \tag{5-12}$$

(2) 管片锚固螺栓隶属矩阵：

$$\boldsymbol{R}_{u121}=\begin{pmatrix}0&0&1&0&0\end{pmatrix} \tag{5-13}$$

(3) 管片接缝、变形缝隶属矩阵：

$$\boldsymbol{R}_{u1}=\begin{pmatrix}1&0&0&0&0\\0.677&0.213&0.069&0.041&0\end{pmatrix} \tag{5-14}$$

(4) 附属结构隶属矩阵：

$$\boldsymbol{R}_{u2}=\begin{pmatrix}0&1&0&0&0\\1&0&0&0&0\\1&0&0&0&0\\1&0&0&0&0\\1&0&0&0&0\\1&0&0&0&0\\1&0&0&0&0\\1&0&0&0&0\\1&0&0&0&0\end{pmatrix} \tag{5-15}$$

(5) 一级模糊综合评价。

①管片模糊综合评价结果：

$$\boldsymbol{R}_{u11}=\boldsymbol{W}_{11}\times\boldsymbol{R}'_{u11}=\begin{pmatrix}0.685 & 0.173 & 0.141 & 0 & 0\end{pmatrix} \tag{5-16}$$

②锚固螺栓综合评价结果：

$$\boldsymbol{R}_{u12}=\boldsymbol{W}_{12}\times\boldsymbol{R}'_{u12}=\begin{pmatrix}1 & 0 & 0 & 0 & 0\end{pmatrix} \tag{5-17}$$

③管片接缝变形缝的综合评价结果：

$$\boldsymbol{R}_{u13}=\boldsymbol{W}_{13}\times\boldsymbol{R}'_{u13}=\begin{pmatrix}0.839 & 0.107 & 0.035 & 0.021 & 0\end{pmatrix} \tag{5-18}$$

④主体结构综合评估结果：

$$\boldsymbol{R}_{u1}=\boldsymbol{W}_{1}\times\boldsymbol{R}'_{u1}=\begin{pmatrix}0.773 & 0.129 & 0.093 & 0.005 & 0\end{pmatrix} \tag{5-19}$$

⑤附属结构综合评估结果：

$$\boldsymbol{R}_{u2}=\boldsymbol{W}_{2}\times\boldsymbol{R}'_{u2}=\begin{pmatrix}0.85 & 0.15 & 0 & 0 & 0\end{pmatrix} \tag{5-20}$$

(6) 二级模糊综合评价。

$$\boldsymbol{Z}=\boldsymbol{W}_{v}\times\begin{pmatrix}\boldsymbol{R}_{u1}^{\mathrm{T}} & \boldsymbol{R}_{u2}^{\mathrm{T}}\end{pmatrix}^{\mathrm{T}}=\begin{pmatrix}0.796 & 0.135 & 0.065 & 0.004 & 0\end{pmatrix} \tag{5-21}$$

归一化处理后得

$$\boldsymbol{Z}=\begin{pmatrix}0.796 & 0.135 & 0.065 & 0.004 & 0\end{pmatrix} \tag{5-22}$$

(7) 综合评价向量单值化。

$$F=\frac{5\times0.796+4\times0.135+3\times0.065+2\times0.004+1\times0}{0.796+0.135+0.065+0.004+0}=4.72 \tag{5-23}$$

综合评价结果表明，该段综合管廊的结构状况评定为 A 级，本体结构完好，无缺损，常规保养。

4. 对比总结

采用层次分析与单控指标相结合的方法(后面简称“规范法”)对该段综合管廊本体完好状况进行综合评价，显示该段管廊本体完好状况等级为 C 级，该段缺损一般，对管线运营存在一定影响；采用模糊综合评价法对该段综合管廊本体完好状况进行综合评价，显示该段综合管廊结构本体完好状况等级为 A 级，为无缺损，只需要正常的养护工作。

①采用规范法进行评价，该模型的特点是主因素的状况决定了整体的状况，在模型中表现为用分项中表现最差的一项来代替该分项进行整体评价；该模型的优点在于其评价方式较为简单，效率较高，但是在评价过程中丢失大部分信息，评价结果在一定程度上不太符合实际情况。在实际案例中，评价结果认为该段综合管廊缺损程度一般，对管线存在一定影响，但通过查看检查数据可知，该段状况完好，只有局部部分位置存在较轻微的缺损，所以该评价结果正是模型的特点，即只体现了局部位置的病害状况，丢失了该段其他部位的状况，没有体现该段的整体状况，与实际情况存在一定偏差。

②采用模糊综合评价法进行评价，该模型的特点综合考虑了该段的所有因素的状况，也考虑了各因素对总目标的影响程度大小，可以较好反映目标整体的状况，评价结果也相对较为贴切，但是当各因素的实际状况差异很大时，该评价方法不能很好地展现较为主要因素的实际状况，即在评价过程中，状况表现较好的因素将状况表现较差的因素平衡到一

个较为均衡的状况，这一较为均衡的状况即为评价结果。在实际案例中，评价结果认为该段综合管廊无缺损，只需正常养护清洁即可，通过查看检查数据可知，这一评价结果比较能贴合实际情况，但是该段内，管片上的压溃剥落状况缺损明显，值得引起养护单位的注意，依靠正常养护工作并不能解决该问题。

③对两种评价方法进行深入分析，虽然两种方法采用的评价思想与模型不相同，但是都可以反映该段的实际状况，且两种方法各有优点与缺点，并不能简单地认定其中一个方法是完全正确或者完全不正确。在实际工程的应用中，往往会因为“规范法”操作简单、评价效率高、评价结果保守等特点，认为该方法比较适合工程应用，但是依据评价结果来指导管理单位采取相应的维护措施，往往会造成维修过度，即“小病大医”，这一方法虽然能够保证管廊结构的安全性，但是一定程度的维修过度，会造成资源浪费，不能更好地体现经济效益。因此，在工程实际应用中，可以综合考虑两种方法的评价结果，可以更加全面地了解综合管廊结构的状况，以此提出更加合适的维修养护措施，获得最佳的养护效益。

5.6.2 成都市综合管廊本体结构状况评价模型

采用规范法建立综合管廊本体结构状况评价模型的过程与建立综合管廊本体完好状况评价模型相同，具体步骤如下。

1. 建立评价模型

(1)确定评价指标集。

依据前文确定的明挖法和盾构法综合管廊的本体结构状况评价指标，主体结构和附属结构的评价指标集：

①主体结构评价指标集：

$$U_1=\{u_{11},u_{12},\cdots,u_{1m}\} \tag{5-24}$$

②附属结构评价指标集：

$$U_2=\{u_{21},u_{22},\cdots,u_{29}\} \tag{5-25}$$

(2)建立评语等级集合。

利用城市综合管廊本体完好状况等级衡量被评价指标的表现及评价目标的完好状况，设评语等级集合为：

$$V=\{v_1,v_2,v_3,v_4,v_5\} \tag{5-26}$$

根据 5.3 节设计的城市综合管廊健康等级，集合中 v_1、v_2、v_3、v_4、v_5 分别表示完好状况等级 A、B、C、D、E。

(3)确定主体结构和附属结构以及各个分项的指标权重。

综合管廊的不同结构、不同分项部位对管廊总体的影响程度各有差异，需要通过权重系数来展现各个分项影响程度的大小。

以本章 5.5 节内容为基础，同时还邀请了专家进行评审，最终确定成都市明挖法和盾构法综合管廊主体结构与附属结构的权重分配，以及主体结构中各分项和附属结构中各分项的权重分配，如表 5-1～表 5-3 所示。

(4) 确定各指标分值。

根据 3.5 节中确定的明挖法和盾构法综合管廊中主体结构和附属结构各个指标的分级判定标准，对各评价指标健康等级 1、2、3、4、5 级，分别赋值 0、1、2、3、4，即为各指标的评价分值；对实际检测结果进行健康等级判定，确定各指标分值 $MBSI_{ij}$(主体结构各分项评估分值)、$ABSI_{ij}$(附属结构各分项评估分值)。

(5) 遴选指标分值参与计算。

为了保证结构的安全系数和获得相对保守的评价结果，会选择各分项中表现最差的指标参与计算，即选择分项中分值最大的指标参与计算，用式(5-27)和式(5-28)表示。

$$MBSI_i = \max(MBSI_{ij}) \tag{5-27}$$

$$ABSI_i = \max(ABSI_{ij}) \tag{5-28}$$

(6) 分层综合评价，计算综合管廊本体结构技术状况值。

一级综合评价用式(5-29)和式(5-30)表示为

①主体结构：

$$MBSI = 100 \times \left[1 - \frac{1}{4} \sum_{i=1}^{n} \left(MBSI_i \times \frac{\omega_i}{\sum_{i=1}^{n} \omega_i} \right) \right] \tag{5-29}$$

式中，$MBSI_i$——综合管廊主体结构各分项本体结构状况值；

ω_i——主体结构各分项权重，由表 5-6 确定。

②附属结构：

$$ABSI = 100 \times \left[1 - \frac{1}{4} \sum_{i=1}^{n} \left(ABSI_i \times \frac{\omega_i}{\sum_{i=1}^{n} \omega_i} \right) \right] \tag{5-30}$$

式中，$ABSI_i$——综合管廊附属结构各分项本体结构状况值；

ω_i——附属结构各分项权重，由表 5-7 确定。

综合考虑综合管廊主体结构和附属结构的健康状况对总体结构健康状况的影响，用式(5-30)表示为

$$CBSI = MBSI \times \omega_{MB} + ABSI \times \omega_{AB} \tag{5-31}$$

式中，$CBSI$——综合管廊本体结构状况值；

$MBSI$——综合管廊主体结构的本体结构状况值；

$ABSI$——综合管廊附属结构的本体结构状况值；

ω_{MB}——综合管廊主体结构的权重，由表 5-5 确定；

ω_{AB}——综合管廊附属结构的权重，由表 5-5 确定。

(7) 对计算得到的该区段综合管廊本体结构状况值进行界定，如表 5-11 所示。

表 5-11　综合管廊本体结构状况评定分级界限

结构状况评分	结构状况评定分级				
	A 级	B 级	C 级	D 级	E 级
CBSI	≥85	70～<85	50～<70	35～<50	<35

(8)特殊情况下综合管廊结构状况等级评定。

①廊体顶部出现大范围开裂、结构性裂缝深度贯穿衬砌混凝土；廊体结构发生明显的永久变形，且有危及结构安全和管线安全的趋势；地下水大规模涌流、喷射，地面出现涌泥砂或大面积严重积水等威胁管线安全的现象。出现以上情形之一，则管廊结构状况等级直接评为 E 级。

②当综合管廊本体的主体结构评估为 C 级，附属结构评估为 D 级，且管廊 *CBSI* 总体得分 40≤*CBSI*<55 时，本体总体结构状况等级可评估为 C 级。

③当综合管廊本体的主体结构分项标准值达到 3 或 4，且影响管廊本体结构安全时，本体总体结构状况等级可直接评估为 D 级或 E 级。

2. 算例

以成都市某盾构法综合管廊常规定期检测结果为例，对该区段综合管廊本体结构状况进行综合评价，演示采用规范法对综合管廊本体结构状况的评价过程。

(1)该区段综合管廊主体结构的结构定期检测结果如表 5-12 所示。

表 5-12　成都市某盾构法综合管廊主体结构的结构定期检测结果

分项	检测结果	评价指标标准值
管片	拱顶部位混凝土破损	2
	侧墙渗漏水	1
	混凝土强度(0.69)	2
	钢筋保护层厚度(0.77)	2
	收敛(错缝，c=9.5)	3
管片接缝和变形缝	错台 f=3mm	1
管片锚固螺栓	松动、丢失	2

依据单一指标原则，选择主体结构各分项中标准值最大的参与计算。根据检查结果，管片分项中参与计算的标准值为 3，管片接缝和变形缝分项中参与计算的标准值为 1，管片锚固螺栓参与计算的标准值为 2。计算综合管廊主体结构的本体结构状况得分：

$$MBSI = 100 \times \left[1 - \frac{1}{4} \left(3 \times 0.6 + 1 \times 0.25 + 2 \times 0.15 \right) \right] = 41.25 \tag{5-32}$$

(2)该区段综合管廊附属结构的结构定期检测结果如表 5-13 所示。依据单一指标原则，选择附属结构各分项中标准值最大的参与计算。根据检查结果，附属结构中除人员出入口的标准值为 1 外，其余分项的标准值都为 0。计算综合管廊附属结构的本体结构状况得分：

$$ABSI = 100 \times \left[1 - \frac{1}{4}\left(1 \times 0.15 + 0 \times 0.05 + \cdots + 0 \times 0.1\right)\right] = 96.25 \tag{5-33}$$

表 5-13　成都市某盾构法综合管廊附属结构结构定期检测结果

分项	检测结果	评价指标标准值
人员出入口	启闭功能轻微受损，出入功能完好	1
吊装口	无	0
逃生口	无	0
通风口	无	0
管线分支口	无	0
井盖、盖板	无	0
支墩、支吊架	无	0
预埋件、锚固螺栓	无	0
排水结构	无	0

(3) 该区段综合管廊本体结构状况评价。计算该区段综合管廊本体结构状况[见式(5-34)]，根据所划定的分级界限，该段综合管廊本体结构状况应评为 C 级。但根据特殊情况评级方法的规定，可以将该段综合管廊本体结构状况等级评为 D 级。

$$CBSI = 41.25 \times 0.7 + 96.25 \times 0.3 = 57.75 \tag{5-34}$$

3. 结果验证

采用 4.4.2 节建立的盾构法综合管廊本体结构状况模糊综合评估模型进行相互验证，结果如下：

(1) 管片隶属矩阵：

$$\boldsymbol{R}_{u11} = \begin{pmatrix} 1 & 0 & 0 & 0 & 0 \\ 0 & 0 & 1 & 0 & 0 \\ 1 & 0 & 0 & 0 & 0 \\ 0 & 1 & 0 & 0 & 0 \\ 1 & 0 & 0 & 0 & 0 \\ 1 & 0 & 0 & 0 & 0 \\ 0 & 0.028 & 0.282 & 0.554 & 0.136 \end{pmatrix} \tag{5-35}$$

(2) 锚固螺栓隶属矩阵：

$$\boldsymbol{R}_{u12} = \begin{pmatrix} 0 & 0 & 1 & 0 & 0 \end{pmatrix} \tag{5-36}$$

(3) 管片接缝和变形缝隶属矩阵：

$$\boldsymbol{R}_{u13} = \begin{pmatrix} 1 & 0 & 0 & 0 & 0 \\ 0.677 & 0.213 & 0.069 & 0.041 & 0 \end{pmatrix} \tag{5-37}$$

(4) 管片材料性能隶属矩阵：

$$\boldsymbol{R}_{u14}=\begin{pmatrix}0.028 & 0.700 & 0.246 & 0.026 & 0\\ 1 & 0 & 0 & 0 & 0\\ 0.058 & 0.758 & 0.155 & 0.028 & 0\\ 1 & 0 & 0 & 0 & 0\\ 1 & 0 & 0 & 0 & 0\\ 1 & 0 & 0 & 0 & 0\\ 1 & 0 & 0 & 0 & 0\end{pmatrix} \tag{5-38}$$

(5) 附属结构隶属矩阵：

$$\boldsymbol{R}_{u2}=\begin{pmatrix}0 & 1 & 0 & 0 & 0\\ 1 & 0 & 0 & 0 & 0\\ 1 & 0 & 0 & 0 & 0\\ 1 & 0 & 0 & 0 & 0\\ 1 & 0 & 0 & 0 & 0\\ 1 & 0 & 0 & 0 & 0\\ 1 & 0 & 0 & 0 & 0\\ 1 & 0 & 0 & 0 & 0\\ 1 & 0 & 0 & 0 & 0\end{pmatrix} \tag{5-39}$$

(6) 一级模糊综合评价：

①管片模糊综合评价结果：

$$\boldsymbol{R}_{u11}=\boldsymbol{W}_{11}\times\boldsymbol{R}'_{u11}=\begin{pmatrix}0.571 & 0.176 & 0.173 & 0.064 & 0.016\end{pmatrix} \tag{5-40}$$

②管片锚固螺栓综合评价结果：

$$\boldsymbol{R}_{u12}=\boldsymbol{W}_{12}\times\boldsymbol{R}'_{u12}=\begin{pmatrix}1 & 0 & 0 & 0 & 0\end{pmatrix} \tag{5-41}$$

③管片接缝和变形缝的综合评价结果：

$$\boldsymbol{R}_{u13}=\boldsymbol{W}_{13}\times\boldsymbol{R}'_{u13}=\begin{pmatrix}0.839 & 0.107 & 0.035 & 0.021 & 0\end{pmatrix} \tag{5-42}$$

④管片材料性能指标综合评价结果：

$$\boldsymbol{R}_{u14}=\boldsymbol{W}_{14}\times\boldsymbol{R}'_{u14}=\begin{pmatrix}0.785 & 0.158 & 0.047 & 0.006 & 0\end{pmatrix} \tag{5-43}$$

⑤主体结构综合评估结果：

$$\boldsymbol{R}_{u1}=\boldsymbol{W}_{1}\times\boldsymbol{R}'_{u1}=\begin{pmatrix}0.735 & 0.141 & 0.088 & 0.029 & 0.006\end{pmatrix} \tag{5-44}$$

⑥附属结构综合评估结果：

$$\boldsymbol{R}_{u2}=\boldsymbol{W}_{2}\times\boldsymbol{R}'_{u2}=\begin{pmatrix}0.85 & 0.15 & 0 & 0 & 0\end{pmatrix} \tag{5-45}$$

(7) 二级模糊综合评价：

$$\boldsymbol{Z}=\boldsymbol{W}_{v}\times\begin{pmatrix}\boldsymbol{R}_{u1}^{\mathrm{T}} & \boldsymbol{R}_{u2}^{\mathrm{T}}\end{pmatrix}^{\mathrm{T}}=\begin{pmatrix}0.770 & 0.144 & 0.062 & 0.020 & 0.004\end{pmatrix} \tag{5-46}$$

归一化处理：

$$\boldsymbol{Z}=\begin{pmatrix}0.770 & 0.144 & 0.062 & 0.020 & 0.004\end{pmatrix} \tag{5-47}$$

(8) 综合评价向量单值化：

$$\boldsymbol{F}=\frac{5\times0.770+4\times0.144+3\times0.062+2\times0.020+1\times0.004}{0.770+0.144+0.062+0.020+0.004}=4.66 \tag{5-48}$$

综合评价结果表明，该段综合管廊的结构状况评定为 A 级，本体结构完好，无缺损，常规保养。

4. 对比总结

采用层次分析法与单控指标相结合的方法(后面简称“规范法”)对该段综合管廊本体结构状况进行综合评价，显示该段管廊本体结构状况等级为 C 级，但是考虑其中的特殊状况，将其评为 D 级，该段缺损严重，需要立即处理病害；采用模糊综合评价法对该段综合管廊本体结构状况进行综合评价，显示该段综合管廊结构状况等级为 A 级，为无缺损，只需要常规保养。

(1) 采用规范法进行评价，该模型的特点在 5.6.1 节中已经做出详细描述，此处不再做赘述，在评价综合管廊管段的本体结构状况时，不仅要考虑主体结构的完好状况，还要考虑主体结构中的材料状况，然后将选择其中状况表现最差的指标来表征主体结构，同时还对于一些极端情况，特别做出说明。在以上案例中，评价结果认为该段综合管廊结构缺损程度一般，但是存在极端情况，严重影响管线安全，因此将该段综合管廊结构状况定为缺损严重，需要立即处理病害，但通过查看检查数据可知，该段结构状况良好，其中仅是局部病害程度相对严重，需要立即处理，所以该评价结果正是由于模型的特点，只体现了局部位置的病害状况，丢失了该段其他分项的状况信息，没有体现该段的整体状况，与实际情况存在一定偏差。

(2) 采用模糊综合评价法进行评价，该模型的特点在 5.6.1 节中已做详细说明，此处不做赘述，在模型中将主体结构的完好状况指标与材料性能指标分开考虑，充分考虑了材料性能这一因素的重要性。在实际案例中，评价结果认为该段综合管廊无缺损，只常规保养即可，通过查看检查数据可知，这一评价结果比较能贴合实际情况，但是该段内，因为大部分指标都处于无病害的状况，所以在进行综合评价过程中认为该段本体结构状况良好，从而淹没了该段收敛变形明显这一极端状况的表现。

(3) 在实际工程的应用中，同样会选择操作简单、效率高的“规范法”进行评价，而不采用模糊综合评价法。因此，在工程实际应用中，可以综合考虑两种方法的评价结果，此外，对于特殊情况需要进行特殊对待，以保证结构的绝对安全，这样既可以更加全面地了解综合管廊结构的状况，以此提出更加合适的维修养护措施，获得最佳的养护效益，也不会因为信息被淹没造成严重后果。

5.7 本章小结

本章以成都市综合管廊建设为背景，建立了明挖法和盾构法综合管廊结构的健康状况评价模型及方法。本章主要工作包括：

(1) 以前面的评价指标体系研究为基础，结合成都市综合管廊管理单位的维护工作需求，对原有的评价指标体系进行调整，并建立了适用于成都市综合管廊评价指标的健康等级和指标分级判定标准。

(2)研究了规范法所应用的评价方法——分层综合评价与单控指标相结合的方法，采用分层综合评价与单控指标相结合的方法后，以前文权重分配研究为基础，结合多批次专家意见，重新确定了主体结构与附属结构的权重分配，和主体结构与附属结构中各个分项的权重分配。

(3)基于运营安全需求和结构安全需求，建立了成都市综合管廊本体完好状况评价模型和本体结构状况评价模型。

6 结　语

本书针对城市综合管廊结构健康状况的评价技术进行研究，通过现场调研和理论分析等方法，分别建立了针对不同结构形式、满足不同需求的模糊综合评价模型，并以此为基础，结合成都市综合管廊的建设现状，建立了适用于成都市综合管廊管理需求的评价模型，但目前存在部分问题值得更进一步研究：

(1) 由于调研样本数量、案例运营时间的限制，对城市综合管廊结构病害的发展规律还有待做进一步的研究和分析工作，因此城市综合管廊结构健康状况评价指标体系中的部分指标及分级判定标准也需要根据实际的应用进行适当调整，使其能更为客观地反映城市综合管廊结构的病害特征。

(2) 本书所采用的模糊综合评价原理构建的城市综合管廊结构状况评价方法，在实际工程中可能存在实用性的局限，除了本书第 5 章所采用分层综合评价与单控指标相结合的评价方法(规范法)，还应对其余适用的评价方法做进一步的研究，以便提高检测和评价工作的效率，力求综合全面反映综合管廊结构的实际状况，为养护维修工作提供更为合理的指导和依据。

(3) 城市综合管廊的维修养护技术涉及内容和方面较多，本书仅仅提出了检查及评价工作中的一些技术要点，尚未对相关技术展开全面的梳理和总结；此外，随着城市综合管廊修建规模的扩大、修建方法的更新，今后还会出现更多的维修养护新技术，也需要继续做一些调研工作，不断丰富和完善城市综合管廊的维修养护技术，提养护工作效率和保障城市综合管廊长期、安全的运营。

参 考 文 献

[1] 钱七虎，陈晓强. 国内外地下综合管线廊道发展的现状、问题及对策[J]. 地下空间与工程学报，2007，3(2)：191-194.

[2] 油新华. 城市综合管廊现状与发展趋势[J]. 城市住宅，2017，24(3)：6-9.

[3] 张竹村. 国内外城市地下综合管廊管理与发展研究[J]. 建设科技，2018(24)：42-52，59.

[4] 油新华. 我国城市综合管廊建设发展现状与未来发展趋势[J]. 隧道建设(中英文)，2018，38(10)：1603-1611.

[5] 油新华. 城市综合管廊建设发展现状[J]. 建筑技术，2017，48(9)：902-906.

[6] 卜令方，汪明元，金忠良，等. 我国城市综合管廊建设现状及展望[J]. 中国给水排水，2016，32(22)：57-62.

[7] 马鸿敏，马建勋，李宗文，等. 我国地下综合管廊建设现状与展望[J]. 市政技术，2017，35(3)：93-95，114.

[8] 惠疆. 现代城市市政综合管廊建设相关问题研究[J]. 城市建设理论研究(电子版)，2018(35)：177-179.

[9] 田强，薛国州，田建波，等. 城市地下综合管廊经济效益研究[J]. 地下空间与工程学报，2015，11(S2)：373-377.

[10] 蒋雅君，任荣，许阳，等. 城市综合管廊结构养护体系构建探讨[J]. 地下空间与工程学报，2019，15(3)：949-954.

[11] 王恒栋. 我国城市地下综合管廊工程建设中的若干问题[J]. 隧道建设，2017，37(5)：523-528.

[12] 刘长隆，马衍东，逄震，等. 浅谈城市地下综合管廊运维管理[J]. 城市勘测，2018(S1)：176-179.

[13] 城市综合管廊工程技术规范 GB50838—2015[S]. 北京：北京计划出版社，2015.

[14] 城市地下综合管廊运行维护及安全技术标准 GB 51354—2019[S]. 北京：中国建筑工业出版社，2019.

[15] 城市地下综合管廊运行维护技术规范 DB33/T1157—2019[S]. 2019.

[16] 城市综合管廊维护技术规程 DG/TJ 08—2168—2015[S]. 上海：同济大学出版社，2015.

[17] 城市地下综合管廊运维管理技术标准 DB 37/T 5111—2018[S]. 北京：中国建筑工业出版社，2018.

[18] 城市综合管廊运行维护技术规程 T/BSTAUM 002—2018[S]. 北京：中国建筑工业出版社，2018.

[19] 公路隧道养护技术规范 JTG H12—2015[S]. 北京：人民交通出版社，2015.

[20] 城市轨道交通隧道结构养护技术规范 CJJ/T 289—2018[S]. 北京：中国建筑工业出版社，2018.

[21] 关宝树. 隧道维修管理要点集[M]. 北京：人民交通出版社，2004.

[22] WU X，JIANG Y，WANG J，et al. A new health assessment index of tunnel lining based on the digital inspection of surface cracks[J]. Applied Sciences，2017，7(5)：507.

[23] ARENDS B J，JONKMAN S N，VRIJLING J K，et al. Evaluation of tunnel safety：towards an economic safety optimum[J]. Reliability Engineering & System Safety，2005，90(2-3)：217-228.

[24] MALEKI M，MOUSIVAND M. Safety evaluation of shallow tunnel based on elastoplastic- viscoplastic analysis[J]. Scientia Iranica，2014，21(5)：1480-1491.

[25] ZHOU B，XIE X，LI Y. A structural health assessment method for shield tunnels based on torsional wave speed[J]. Science China-Technological Sciences，2014，57(6)：1109-1120.

[26] LAI J，QIU J，FAN H，et al. Structural safety assessment of existing multiarch tunnel：a case study[J]. Advances in Materials Science and Engineering，2017.

[27] HUANG Z，FU H，ZHANG J，et al. Structural damage evaluation method for metro shield tunnel[J]. Journal of Performance

of Constructed Facilities，2019，33(1).

[28] RAO J，XIE T，LIU Y. Fuzzy evaluation model for in-service karst highway tunnel structural safety[J]. KSCE Journal of Civil Engineering. 2016，20(4)：1242-1249.

[29] 汪波，何川，吴德兴. 隧道结构健康监测系统理念及其技术应用[J]. 铁道工程学报，2012，29(1)：67-72.

[30] 黄震，傅鹤林，黄宏伟，等. 一种运营地铁盾构隧道结构健康状况评价方法[J]. 地下空间与工程学报，2018，14(5)：1410-1418.

[31] 孔祥兴，夏才初，仇玉良，等. 基于可拓学理论的盾构隧道结构健康诊断方法[J]. 同济大学学报(自然科学版)，2011，39(11)：1610-1615，1698.

[32] 李明，陈卫忠，杨建平，等. 基于功效系数法的隧道结构健康监测系统预警研究[J]. 岩土力学，2015，36(S2)：729-736.

[33] CANTO-PERELLO J，CURIEL-ESPARZA J. Assessing governance issues of urban utility tunnels[J]. Tunnelling & Underground Space Technology Incorporating Trenchless Technology Research，2013，33(1)：82-87.

[34] CANTO-PERELLO J，CURIEL-ESPARZA J，CALVO V. Criticality and threat analysis on utility tunnels for planning security policies of utilities in urban underground space[J]. Expert Systems with Applications，2013，40(11)：4707-4714.

[35] JANG Y，KIM J H. Qiuantitative risk assessment for gas-explosion at buried common utility tunnel[J]. Journal of the Korean Institute of Gas，2016，20(5)：89-95.

[36] 晋雅芳. 地下综合管廊 PPP 项目风险分担与收益分配研究[D]. 郑州：郑州大学，2017.

[37] 周鲜华，潘宏婷，沈云飞. 地下综合管廊 PPP 模式风险因素评价——基于 ISM-MICMAC 模型[J]. 会计之友，2017(13)：59-64.

[38] 赵佳，覃英豪，王建波，等. 城市地下综合管廊 PPP 模式融资风险管理研究[J]. 地下空间与工程学报，2018，14(2)：315-322，331.

[39] 王述红，张泽，侯文帅，等. 综合管廊多灾种耦合致灾风险评价方法[J]. 东北大学学报(自然科学版)，2018，39(6)：902-906.

[40] 李芊，段雯，许高强. 基于 DEMATEL 的综合管廊运维管理风险因素研究[J]. 隧道建设(中英文)，2019，39(1)：31-39.

[41] 范海林，李姗迟. 综合管廊地理时空大数据全生命周期管理平台研究[J]. 测绘通报，2016(S1)：22-25，33.

[42] 吴显毅. 市政综合管廊建设运营相关问题探讨[J]. 建材与装饰，2020(17)：80-82.

[43] 李宏远. 城市地下综合管廊运维安全风险管理研究[D]. 北京：北京建筑大学，2019.

[44] 彭卫平，容穗红. 广州市水文地质特征分析[J]. 城市勘测，2006，(3)：59-63.

[45] 张缤，王幸福，黄运峰. 车辆荷载作用下软土地基上双舱矩形综合管廊受力特征分析[J]. 东莞理工学院学报，2017，24(5)：50-54.

[46] 丁晓敏，张季超，庞永师，等. 广州大学城共同沟建设与管理探讨[J]. 地下空间与工程学报，2010，6(增刊Ⅰ)：1385-1389.

[47] 杜学成. 佛山市地质地貌概述[J]. 佛山师专学报，1984，(4)：34-37.

[48] 张莹，李睿. 佛山新城裕和路综合管廊工程设计[J]. 中国给排水，2015，31(18)：34-36，42.

[49] 张举廉. 珠海市水文地质与工程地质特征初探[J]. 地质灾害与环境保护，1997，8(3)：6-12.

[50] 刘健，李新武. 珠海地区软土岩土工程特性浅析[J]. 武汉勘察设计，2015，(3)：33-36.

[51] 李玲玲. 石家庄市水文地质条件分析[J]. 甘肃科技，2013，29(15)：38-39，60.

[52] 崔庆国. 石家庄市区水文地质及工程地质特征简析[J]. 铁道勘察，2008，(2)：56-58.

[53] 吕金波，王纯君，刘鸿，等. 北京的地质环境系统划分[J]. 城市地质，2017，12(3)：19-25.

[54] 何畏. 宁波市的工程地质条件[J]. 水文地质工程地质，1984，(6)：14-16，27.

[55] 张鹏飞，史玉金，曾正强，等. 中国2010年上海世博会场址区地质环境条件分析与评价[J]. 上海地质，2004，(4)：1-6.
[56] 廖勇，李晓涛，焦佩星，等. 成都某地下综合管廊岩土工程勘察与地基土评价[J]. 四川地质学报，2018，38(4)：648-652.
[57] 蒋雅君，许阳，陈鹏，等. 电力电缆隧道结构病害及检测评估方法探讨[J]. 地下空间与工程学报，2019，15(1)：311-318.
[58] 王娟娟，袁伟衡，刘月，等. 北京市既有电力隧道发展现状与常见灾害分析[J]. 工程安全，2016，34(11)：75-78.
[59] 陈孝湘，李广福，吴勤斌. 电力电缆隧道结构常见病害分类及防治[J]. 电力勘测设计，2015，(2)：10-14.
[60] 张瑛，张屹，王承. 电力隧道结构特点及常见病害分析[J]. 供用电，2011，28(2)：67-69.
[61] 李英. 浅谈混凝土蜂窝麻面成因及预防[J]. 中国新技术新产品，2018(21)：94-95.
[62] 张玉秀. 混凝土蜂窝麻面和裂缝预防措施技术研究[J]. 居舍，2019(12)：81.
[63] 杨春山. 运营地铁盾构隧道衬砌结构安全评估体系研究[D]. 广州：广东工业大学，2012.
[64] 罗鑫. 公路隧道健康状态诊断方法及系统的研究[D]. 上海：同济大学，2007.
[65] 余睿，童宣胜，丁梦茜，等. 地下环境混凝土材料的耐久性劣化机理及对策分析[J]. 防护工程，2020，42(1)：70-78.
[66] 林春金. 运营隧道衬砌渗漏水机理及注浆治理研究[D]. 济南：山东大学，2017.
[67] 谢立广，杨群. 隧道衬砌环向裂缝的成因分析及预防建议[J]. 公路，2020，65(5)：347-352.
[68] 何薇. 混凝土碳化及其对地下结构力学性能的影响研究[D]. 成都：西南交通大学，2013.
[69] 林楠，李攀，谢雄耀. 盾构隧道结构病害及其机理研究[J]. 地下空间与工程学报，2015，11(S2)：802-809
[70] 正清，杨善林. 层次分析法中几种标度的比较[J]. 系统工程理论与实践，2004(9)：51-60.
[71] 董彦辰，姜安民，邹品增，等. 三标度 AHP-TOPSIS 评判模型在施工方案绿色度比选中的应用[J]. 水利与建筑工程学报，2019，17(02)：194-199，205.
[72] 郭亚军，张发明，易平涛. 标度选择对综合评价结果的影响及合理性分析[J]. 系统工程与电子技术，2008(7)：1277-1280.
[73] 汪浩，马达. 层次分析标度评价与新标度方法[J]. 系统工程理论与实践，1993(5)：24-26.
[74] 熊立，梁樑，王国华. 层次分析法中数字标度的选择与评价方法研究[J]. 系统工程理论与实践，2005(3)：72-79.
[75] 石峰. 基于粗糙集和灰色模糊理论的公路隧道结构病害评价方法及应用研究[D]. 成都：西南交通大学，2018.
[76] 洪平，刘鹏举. 层次分析法在铁路运营隧道健康状态综合评判中的应用[J]. 现代隧道技术，2011，48(1)：28-32.
[77] 杜栋，庞庆华，吴炎. 现代综合评价方法与案例精选[M]. 北京：清华大学出版社，2008.
[78] 韩利，梅强，陆玉梅，等. AHP-模糊综合评价方法的分析与研究[J]. 中国安全科学学报，2004，14(7)：86-89.
[79] 孙可，张巍，朱守兵，等. 盾构隧道健康监测数据的模糊层次分析综合评价方法[J]. 防灾减灾工程学报，2015，35(6)：769-776.
[80] 李林，张孟喜，张治国，等. 盾构隧道渗漏等级模糊层次综合评判[J]. 地下空间与工程学报，2013，9(4)：794-799，807.
[81] 李宝琳. 基于模糊综合评价法的A房地产公司财务风险评价研究[D]. 西安：西安石油大学，2020.
[82] 敖维川. 基于层次分析与模糊综合评判的建筑起重机械现场安全评价体系研究[D]. 成都：西南交通大学，2019.
[83] 汪庄培，韩立岩. 应用模糊数学[M]. 北京：北京经济学院出版社，1989，128.
[84] 王巨川. 多指标模糊综合评判[J]. 昆明理工大学学报，1998，23(4)：69-71.
[85] 黄小青. 模糊综合评判方法在物流中心选址中的应用[J]. 水运管理，2002(12)：7-9，15.
[86] 郭昱. 权重确定方法综述[J]. 农村经济与科技，2018，29(8)：252-253.
[87] 吴江滨. 用层次分析法确定隧道病害分级影响因素的权重[J]. 西部探矿工程，2009，21(11)：169-171.
[88] 刘豹，许树柏，赵焕臣，等. 层次分析法——规划决策的工具[J]. 系统工程，1984(2)：23-30.
[89] 杨春燕，蔡文，涂序彦. 可拓学的研究、应用与发展[J]. 系统科学与数学，2016，36(9)：1507-1512.
[90] 钱勇，马健霄，赵顗，等. 基于集对可拓物元模型的公路隧道运营环境安全评价方法[J]. 森林工程，2020，36(1)：87-95.

[91] 潘科，王洪德，石剑云. 多级可拓评价方法在地铁运营安全评价中的应用[J]. 铁道学报，2011，33(5)：14-19.
[92] 高艳苹. 云模型理论及其应用研究[D]. 成都：四川师范大学，2018.
[93] 傅鹤林，黄震，黄宏伟，等. 基于云理论的隧道结构健康诊断方法[J]. 工程科学学报，2017，39(5)：794-801.
[94] 江剑峰，张垠，田书欣，等. 基于云理论的智能电能表故障数据分析[J]. 电力科学与技术学报，2020，35(2)：163-169.
[95] 王守国. 基于云理论的 RBF 神经网络算法改进研究[D]. 吉林：东北电力大学，2008.
[96] 于东波. 基于云理论的土石坝渗透特性研究[D]. 郑州：华北水利水电大学，2019.
[97] 刘荡荡. 基于云物元模型与可变模糊集的电能质量综合评估方法研究[D]. 合肥：安徽大学，2020.
[98] 徐佳，张勤，吴继敏. 功效系数法在确定岩体优势面中的应用[J]. 河海大学学报(自然科学版)，2008(4)：538-541.
[99] 宋啸. 基于功效系数法的边坡稳定性评价研究[D]. 武汉：武汉理工大学，2017.
[100] 吴博，赵法锁，吴韶艳. 基于组合赋权-功效系数法的黄土边坡稳定性评价[J]. 灾害学，2020，35(2)：34-38.
[101] 曾越. 基于组合赋权-功效系数法的岩质边坡稳定性评价[J]. 水电能源科学，2016，34(6)：169-172，168.
[102] 王迎超，尚岳全，孙红月，等. 基于功效系数法的岩爆烈度分级预测研究[J]. 岩土力学，2010，31(2)：529-534.
[103] 王迎超，孙红月，尚岳全，等. 功效系数法在隧道围岩失稳风险预警中的应用[J]. 岩石力学与工程学报，2010，29(S2)：3679-3684.
[104] 李晓辉. 基于功效系数法的滑坡灾害危险性评估研究[D]. 武汉：武汉理工大学，2017.
[105] 张月峰，萧元星. 用幂指数法评估压制火炮的火力压制能力[J]. 火炮发射与控制学报，2006(1)：10-13.
[106] 王锐. 先进战斗机作战效能评估[D]. 西安：西北工业大学，2007.
[107] 张洋铭，陈云翔，罗广旭，等. 基于突防任务的军机生存能力幂指数评估方法[J]. 火力与指挥控制，2017，42(5)：117-120，125.
[108] 鲁云军，袁荣召，田尚保. 基于幂指数法的通信保障能力模型研究[J]. 计算机与数字工程，2017，45(7)：1260-1263.
[109] 潘洪平，陈素文，邢彪. 基于 AHP 和幂指数法的装甲装备功能状态评估[J]. 四川兵工学报，2013，34(8)：69-72.
[110] 罗颖光，邹自力，袁荣召. 基于幂指数法的通信系统基础能力模型研究[J]. 火力与指挥控制，2018，43(11)：44-47.
[111] 刘普寅，吴孟达. 模糊理论及其应用[M]. 长沙：国防科技大学出版社，1998.
[112] 王华牢，许崇帮，褚方平. 新型模糊算子的公路隧道健康状态评价方法研究[J]. 地下空间与工程学报，2012，8(S1)：1389-1395.
[113] 日本道路协会. 公路隧道维持便览[M]. 东京：丸善株式会社出版事业部，2000.
[114] 关宝树. 隧道工程维修管理要点[M]. 北京：人民交通出版社，2004.
[115] 孙可，张巍，朱守兵，等. 盾构隧道健康监测数据的模糊层次分析综合评价方法[J]. 防灾减灾工程学报，2015，35(6)：769-776.
[116] 郑轶丽，谢鲁，曾小云. 成都地下综合管廊复合型集约化总体设计[J]. 中国给水排水，2019，35(2)：72-78.
[117] 隧道建设编辑部. 国内最大直径盾构管廊——成都成洛大道地下综合管廊盾构始发[J]. 隧道建设，2017，37(3)：320.

附件：成都市城市综合管廊结构检测技术导则

1. 总　　则

1.0.1　为规范成都市地下综合管廊检测工作，统一检测技术要求，保障管廊管理安全适用、技术先进、经济合理、成果准确，制定本标准。

1.0.2　本标准适用于成都市地下综合管廊本体的检测评估。

1.0.3　综合管廊的检测评估应考虑工程地质条件、管廊结构类型、运行环境等因素，编制合理的检测方案，精心组织，及时提供准确的检测评估成果。

1.0.4　综合管廊检测过程中，宜积极采用新技术、新方法和新仪器设备。

1.0.5　综合管廊检测评估，除应符合本标准的规定外，尚应符合国家现行有关标准的规定。

2. 术语和符号

2.1　术语

2.1.1　综合管廊

建于城市地下用于容纳两种及以上城市工程管线的构筑物及附属设施。

2.1.2　干线综合管廊

用于容纳城市主干工程管线，采用独立分舱方式建设的综合管廊。

2.1.3　支线综合管廊

用于容纳城市配给工程管线，采用单舱或双舱方式建设的综合管廊。

2.1.4　缆线管廊

采用浅埋沟道方式建设，设有可开启盖板、内部空间不能满足人员正常通行要求，用于容纳电力电缆和通信线缆的管廊。

2.1.5　管廊本体

综合管廊结构主体及人员出入口、吊装口、逃生口、通风口、管线分支口、支吊架、支墩、检修道、风道等附属结构的总称。

2.1.6 附属设施

综合管廊的消防系统、通风系统、供配电系统、照明系统、监控与报警系统、排水系统和标识系统等设施的总称。

2.1.7 综合管廊本体常规定期检测

按规定周期对综合管廊的结构缺陷情况、基本完好状况进行的全面检测，并根据检测结果对管廊本体进行完好状况评估。

2.1.8 综合管廊本体结构定期检测

按规定周期对综合管廊的结构缺陷状况、材料特性及结构状况进行全面检测，并根据检测结果对管廊本体的结构状况进行综合评估。

2.1.9 检测

对综合管廊本体及附属设施进行的专项技术状况检查、系统功能试验和性能测试。

2.1.10 特殊监测

对病害以及可能影响综合管廊运行安全的环境因素进行的针对性监测活动，指在某时段持续监测某些指标的活动。

2.1.11 安全控制区

为保护综合管廊的正常使用和安全，在其结构的顶部、底部及侧面特定范围内设置的控制区域。

2.1.12 管廊本体完好状况评估

在进行综合管廊本体常规定期检测时，根据综合管廊本体存在的缺陷及病害程度、范围，在分析病害原因及影响的基础上，按照本规范相应规定计算综合管廊本体完好状况值，评估完好状况等级。

2.1.13 管廊本体结构状况评估

在进行综合管廊结构定期检测时，根据综合管廊本体存在的缺陷及病害程度、范围，并结合本体材料特性、结构状况测试结果，全面综合分析管廊本体的结构状况，按照本规范相应规定计算综合管廊本体结构状况值，并评估本体结构状况等级。

2.2 符号

CBCI ——综合管廊本体完好状况值；

MBCI ——综合管廊本体的主体结构完好状况值；

ABCI ——综合管廊本体的附属结构完好状况值；

CBSI ——综合管廊本体结构状况值；

MBSI ——综合管廊本体的主体结构的结构状况值；

ABSI ——综合管廊本体的附属结构的结构状况值。

3. 基 本 规 定

3.0.1　综合管廊运营维护管理等级结合综合管廊断面形式、入廊管线类型、地质环境、施工等因素分为三级：

一级为干线管廊或者入廊管线中包含燃气、220kV 电缆、雨污水管、大直径压力水管或者其他非混凝土质结构管廊或者为近邻地铁等重要建筑(或位于高密度人口核心闹市区)的支线管廊；二级为除一、三级以外的所有管廊；三级为缆线管廊。

3.0.2　综合管廊应根据管廊等级分别开展管廊本体及附属设施检测评估。

3.0.3　综合管廊检测工作应包括收集资料、方案编写、现场检测、检测结果评估、检测评估报告编写等。

3.0.4　综合管廊检测工作开展前，检测机构应收集下列资料：

(1)勘察设计资料；

(2)竣工验收资料；

(3)管廊历次检测、加固、改善或改扩建资料；

(4)管廊养护资料；

(5)其他有关资料。

3.0.5　综合管廊检测方案宜包括下列内容：

(1)工程概况；

(2)检测目的；

(3)检测所依据的规范、标准；

(4)检测内容、方法；

(5)检测人员和仪器设备；

(6)检测工作进度计划；

(7)安全措施、应急措施和环保措施等。

3.0.6　综合管廊本体及附属设施检测应根据管廊运行情况及周边环境特点确定合理的检测频次。

3.0.7　综合管廊检测使用的仪器设备应符合下列规定：

(1)应在计量检定或校准有效期内；

(2)测量范围应包含被检测参数的变化范围；

(3)精度应比设计参数的精度至少高一个等级；

(4)应满足工程现场环境的使用要求。

3.0.8　检测评估报告应包含但不限于：检测项目实施单位及主要负责人员，检测的目的、内容和方法，实施时间和主要工作过程，病害或缺陷的现状及成因分析，健康状态评估及维修处治对策等。

3.0.9　综合管廊检测工作应符合国家有关安全生产的规定，并应结合具体检测项目的工作特点和环境条件，制订检测安全保障方案，落实各项安全保证措施。

4. 管廊本体检测与评估

4.1 一般规定

4.1.1 管廊本体分为主体结构及附属结构。

4.1.2 管廊本体的主体结构采用明挖法时包含廊体、施工及变形缝分项；采用盾构法时包含管片、管片接缝和变形缝、管片锚固螺栓分项。

4.1.3 管廊本体的附属结构包含：人员出入口、吊装口、逃生口、通风口、管线分支口、井盖及盖板、支墩及支吊架、预埋件及锚固螺栓、排水结构等分项。

4.1.4 管廊本体检测应分为常规定期检测、结构定期检测、特殊检测与监测。

4.1.5 管廊本体检测计划应根据施工工艺、结构形式、所处地质条件、建成年限、运行情况、已有检测与监测数据、已有技术评估、周边环境等制定，应明确检测目的、检测范围和检测内容。

4.2 常规定期检测

4.2.1 常规定期检测应符合下列规定：

(1) 常规定期检测周期不宜大于 1 年，可根据管廊实际运行情况和周边环境等适当增加检测次数；

(2) 常规定期检测可由从事综合管廊养护工作的专业工程师组织；

(3) 常规定期检测应记录缺陷状况，并对结构完好状况进行评估；

(4) 根据常规定期检测情况，对检测过程中遇到需要改善和对管廊运行有影响的设施缺陷及事故情况应重点记录，及时上报。

4.2.2 常规定期检测宜以目测为主，并应配备照相机、裂缝观测仪、探查工具及辅助器材等必要的量测仪器和设备。

4.2.3 常规定期检测项目和内容应符合附表 4.2.3 的规定：

附表 4.2.3 综合管廊本体常规定期检测项目和内容

<table>
<tr><th colspan="2">结构</th><th>分项</th><th>检测内容</th></tr>
<tr><td rowspan="5">主体结构</td><td rowspan="2">明挖法</td><td>廊体</td><td>蜂窝、麻面、空洞、孔洞、材料劣化、压溃、剥落剥离、裂缝、渗漏水、结构变形、钢筋锈蚀等情况</td></tr>
<tr><td>施工缝和变形缝</td><td>错台、压溃、渗漏水等情况</td></tr>
<tr><td rowspan="3">盾构法</td><td>管片</td><td>蜂窝、麻面、空洞、孔洞、材料劣化、压溃、剥落剥离、裂缝、渗漏水、收敛变形、钢筋锈蚀等情况</td></tr>
<tr><td>管片接缝、变形缝</td><td>错台、渗漏水等情况</td></tr>
<tr><td>管片锚固螺栓</td><td>破损、松动、丢失</td></tr>
</table>

续表

结构	分项	检测内容
附属结构	人员出入口	外观缺陷、启闭功能、使用功能、阻塞情况等情况
	吊装口	
	逃生口	
	通风口	
	管线分支口	
	井盖、盖板	变形、破损、丢失等情况
	支墩、支吊架	外观缺陷、变形、支承性能等情况
	预埋件、锚固螺栓	锈蚀、螺母松动、锚固区混凝土破损等情况
	排水结构	外观缺陷、阻塞、淤积等情况

4.2.4 综合管廊本体进行常规定期检测时，除开展上述表格规定的检测内容外，还应对管廊本体的倾斜、竖向位移、水平位移及收敛进行测量，并分析判断结构变形速率。

4.2.5 应根据常规定期检测结果，进行管廊本体的完好状态评估。

4.3 结构定期检测

4.3.1 结构定期检测应符合下列规定：

1）一级管廊结构定期检测宜每3～5年进行1次，二、三级管廊结构定期检测宜每6～10年进行1次。

2）结构定期检测应由具备相应资质的专业单位承担；

3）结构定期检测应包括下列内容：

(1)查阅历次检测报告及常规检测报告中提出的建议；

(2)采用无损方式或局部取样确认材料特性、退化程度和退化性质；

(3)对结构的断面轮廓进行检测，分析确定结构变形情况；

(4)对结构周边环境变化进行检测，并分析判断对结构的影响；

(5)分析确定退化的原因，以及对结构性能及耐久性的影响；

(6)对可能影响结构正常工作的构件，评估其在下一次检测之前的可能退化情况，如构件在下一次检测前可能失效，需立即报告管廊养护管理单位；

(7)通过综合检测评估，确定具有潜在退化可能或已处于退化状况的构件，提出相应的养护措施。

4）根据结构定期检测数据，对管廊结构状况进行评估，并编写结构定期检测评估报告；结构定期检测报告应包含下列内容：

(1)进行结构定期检测的原因；

(2)结构定期检测的方法和评估结论；

(3)结构部件和总体维修、加固或改善方案和建议；

(4)进一步检测、试验、结构分项评估及建议。

4.3.2 结构定期检测项目、内容、方法和密度除满足常规定期检测内容外，尚应符合附表 4.3.2 的规定。

附表 4.3.2 结构定期相应检测项目的方法和密度

检测项目		检测内容	检测方法	检测频率
主体结构	廊体、管片	结构厚度 混凝土密实度	地质雷达法、冲击反射法等非破损方法，辅以局部破损方法进行验证	每个区间不少于 3 条测线
		背后空洞	地质雷达法、冲击反射法等非破损方法进行验证	每个区间不少于 3 条测线
		混凝土强度	回弹法、超声回弹综合法或钻芯法等	每个区间不少于 10 个测区
		混凝土碳化程度	用浓度为 1%的酚酞酒精溶液（含 20%的蒸馏水）测定	每个区间不少于 3 处
		钢筋保护层厚度	宜采用电磁感应法等非破损的方法，辅以局部破损方法进行验证	每个区间不少于 1 处（20 点）
		钢筋锈蚀程度	半电池电位法，辅以局部破损方法进行验证	每个区间不少于 1 处（测试区域不少于 100cm×100cm）

4.4 特殊检测与监测

4.4.1 发生以下情形时应及时进行特殊检测：

(1) 经历地震、火灾、洪涝、爆炸等灾害事故后；

(2) 受周边环境影响，结构变形超控制值或监测显示位移速率异常增加时；

(3) 结构定期检测中难以给出廊体技术状况评估或常规定期检测发现构件加速退化时；

(4) 达到设计使用年限并继续使用时；

(5) 需要进行修复加固、改建时。

4.4.2 特殊检测应包括下列内容：

(1) 结构材料缺损状况诊断；

(2) 结构整体性能、功能状况评估。

4.4.3 结构材料缺损状况的诊断，宜根据缺损的类型、位置和检测的要求，选择表面测量、无损检测技术和局部取试样等方法。试样宜在有代表性构件的次要部位获取。

4.4.4 结构整体性能、功能状况评估应根据诊断的构件材料质量状况及其在结构中的实际功能，用计算分析评估结构承载能力。

4.4.5 对特殊检测结果不满足要求的综合管廊，在维修加固之前，应采取临时加固、围护措施，并应继续监测结构变化。

4.4.6 遇下列情形时应对综合管廊本体相关区域或局部结构进行监测：

(1) 工程设计阶段提出监测要求；

(2) 根据日常巡检结果分析需要进行监测；

(3) 周边水文地质条件发生较大变化，可能影响结构安全稳定；

(4) 周边环境存在可能影响结构安全稳定的外部作业；

(5) 其他影响结构安全稳定的情况。

4.4.7　监测宜以竖向位移、水平位移、相对收敛等变形监测为主，并结合实际需求增加结构受力监测。

4.4.8　监测方案应根据综合管廊施工工艺、结构形式、地质条件、外部作业影响特征或日常巡检结果等因素，结合综合管廊本体和内部管线运行安全要求综合确定。

4.4.9　综合管廊本体监测技术标准、测量精度除应符合国家现行标准《工程测量规范》(GB 50026)、《国家一、二等水准测量规范》(GB/T 12897)及《建筑变形测量规范》(JGJ 8)的有关规定外，结构变形监测精度等级不宜低于三等，其中干线综合管廊变形监测精度等级宜采用二等。

4.4.10　监测点位置应设在能反映综合管廊结构变形特征的关键特征点及断面。监测点的布置要求应符合附表 4.4.10 的规定。

附表 4.4.10　监测点布设要求

监测项目	监测点布置	监测断面布置
竖向位移	舱室顶板、底板各 1 处	按 10～20m 一个断面，预制装配式综合管廊可适当调整。管廊结构曲线段监测断面的间距应适当缩小
水平位移	两侧墙至少 1 处	
相对收敛	每监测断面布置至少 2 条测线	
轮廓扫描(盾构法)	竖向和水平向至少各 1 条测线	

4.4.11　综合管廊本体结构的变形和安全监测应设置监测预警。监测预警等级的划分及应对管理措施应符合附表 4.4.11 的规定。

附表 4.4.11　监测预警等级划分及应对管理措施

监测预警等级	监测比值 *G*	应对管理措施
黄色预警	0.5≤*G*<0.8 或单次变化速率>2mm/d	采取加密监测点或提高监测频次等措施加强对综合管廊本体结构的监测
橙色预警	0.8≤*G*<1.0 或连续 3 天变化速率>2mm/d	应暂停外部作业，进行过程安全评估工作，各方共同制定相应的安全保护措施，并经组织审查后，开展后续工作
红色预警	*G*≥1.0	启动安全应急预案

4.4.12　综合管廊本体结构安全控制指标应包括位移、结构裂缝、相对收敛、接缝张开量、结构裂缝宽度，安全控制指标值应符合附表 4.4.12 的规定。

附表 4.4.12　管廊本体结构安全控制指标

安全控制指标	水平位移	竖向位移	相对收敛	接缝张开量	结构裂缝宽度
控制值	≤20mm	≤20mm	<20mm	<2mm	迎水面<0.2mm 背水面<0.3mm

4.4.13　综合管廊本体变形监测周期应根据埋深、环境条件、变形特征、变形速率和工程地质条件等因素综合确定，并应符合下列规定：

(1) 对周边基坑施工影响实施的变形监测，应在基坑开挖或降水前进行初始观测，回填完成应继续监测至沉降稳定后方可终止，并宜与基坑变形监测同步进行；

(2) 对地下隧道施工影响实施的变形监测，宜每天监测 1～2 次，沉降稳定后可终止；正常运营初期，第 1 年宜每季度监测 1 次，第 2 年宜每半年监测 1 次，第 3 年之后宜每年监测 1 次，变形显著变化时应及时增加监测频次。

4.4.14　综合管廊本体监测应根据本体场地水文地质条件、结构形式等条件设置监测控制值，出现监测超控制值情况时，应及时上报。

4.5　管廊本体评估

4.5.1　评估方法

(1) 综合管廊开展常规定期检测时应对本体的完好状况进行评估，综合管廊开展结构定期检测时应对本体的结构状况进行评估；

(2) 综合管廊本体的评估包括本体结构评估、附属结构评估和综合管廊本体总体评估；

(3) 管廊本体的评估以单个防火区间为基本评估单元；

(4) 综合管廊本体评估应先逐段对结构各分项进行评估，在此基础上进行分项评估，再进行本体评估。

4.5.2　综合管廊本体完好状况评估

(1) 综合管廊开展常规定期检测应根据检测结果对本体的完好状况进行评估；

(2) 综合管廊本体的完好状况评估包括主体结构的完好状况评估、附属结构的完好状况评估和本体完好状况评估，综合管廊本体完好状况评估应采用分层综合评估与单控指标相结合的方法，先对管廊本体各检测项目进行评估，然后对本体的主体结构及附属结构分别进行评估，最后进行本体总体完好状况评估，工作流程如附图 4.5.2 所示。

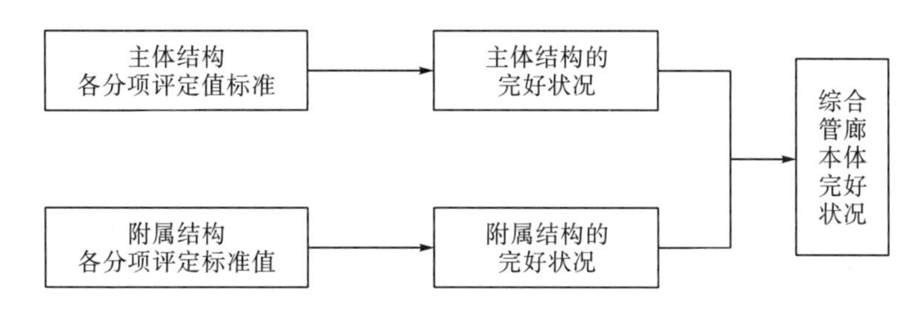

附图 4.5.2　综合管廊本体完好状况评估

(3) 综合管廊本体完好状况计算

$$CBCI = MBCI \times \omega_{MB} + ABCI \times \omega_{AB} \quad (4.5.2\text{-}1)$$

式中，$CBCI$ ——综合管廊本体完好状况值；

$MBCI$——综合管廊本体的主体结构的完好状况值；

$ABCI$——综合管廊本体的附属结构的完好状况值；

ω_{MB}——综合管廊本体的主体结构的权重，取0.7；

ω_{AB}——综合管廊本体的附属结构的权重，取0.3。

(4)综合管廊本体的主体结构完好状况计算

$$MBCI = 100 \times \left[1 - \frac{1}{4} \sum_{i=1}^{n} \left(MBCI_i \times \frac{\omega_i}{\sum_{i=1}^{n} \omega_i} \right) \right] \tag{4.5.2-2}$$

式中，$MBCI_i$——综合管廊本体的主体结构分项评估标准值，值域0～4。

ω_i——主体结构各分项权重，详见附表4.5.2-1。

附表4.5.2-1 主体结构各分项权重

明挖法		盾构法	
分项	权重 ω_i	分项	权重 ω_i
廊体	0.7	管片	0.6
施工缝和变形缝	0.3	管片接缝、变形缝	0.25
/	/	管片锚固螺栓	0.15

$$MBCI_i = \max(MBCI_{ij}) \tag{4.5.2-3}$$

式中，$MBCI_{ij}$——主体结构各分项基本单元评估标准值，值域0～4，评估标准值详见附录A.1。

(5)综合管廊本体的附属结构完好状况计算

$$ABCI = 100 \times \left[1 - \frac{1}{4} \sum_{i=1}^{n} \left(ABCI_i \times \frac{\omega_i}{\sum_{i=1}^{n} \omega_i} \right) \right] \tag{4.5.2-4}$$

式中，$ABCI_i$——综合管廊本体的附属结构分项评估标准值，值域0～4；

ω_j——附属结构各分项权重，详见附表4.5.2-2。

附表4.5.2-2 附属结构各分项权重

分项	权重 ω_i	分项	权重 ω_i
人员出入口	0.15	井盖、盖板	0.1
吊装口	0.05	支墩、支吊架	0.1
逃生口	0.15	预埋件、锚固螺栓	0.15
通风口	0.1	排水结构	0.1
管线分支口	0.1		

$$ABCI_i = \max(ABCI_{ij}) \tag{4.5.2-5}$$

式中，$ABCI_{ij}$——附属结构各分项基本单元评估标准值，值域为0～4，评估标准值详见附表A.2。

(6)综合管廊本体的完好状况分级

①综合管廊本体的完好状况分级，根据本体 *CBCI* 总体得分，分为A～E级5级，分类界限按附表4.5.2-3确定：

附表4.5.2-3 管廊本体完好状况评估分级界限

完好状况值	完好状况评估分级				
	A级	B级	C级	D级	E级
CBCI	≥85	70～<85	50～<70	35～<50	<35

②当综合管廊本体出现4.5.4条中任一情况时，综合管廊本体完好状况等级直接评估为E级。

③当综合管廊本体的主体结构评估为C级，附属结构评估为D级，且管廊 *CBCI* 总体得分 $40 \leqslant CBCI < 55$ 时，本体总体完好状况等级可评估为C级。

④当综合管廊本体的主体结构分项标准值达到3或4，且影响管廊本体结构安全时，本体总体完好状况等级可直接评估为D级或E级。

4.5.3 综合管廊本体结构状况评估

(1)综合管廊开展结构定期检测应根据检测结果对本体的结构状况进行评估；

(2)综合管廊本体的结构状况评估包括主体结构的结构状况评估、附属结构的结构状况评估和本体结构状况评估，综合管廊本体结构状况评估应采用分层综合评估与单控指标相结合的方法，先对管廊本体各检测项目进行评估，然后对本体的主体结构及附属结构分别进行评估，最后进行本体总体结构状况评估，工作流程如附图4.5.3所示。

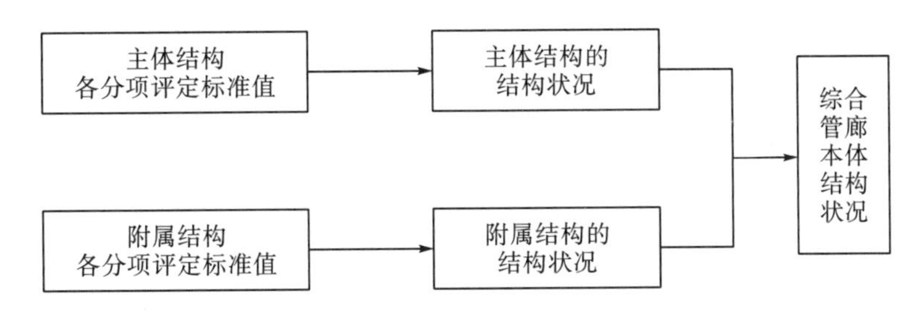

附图4.5.3 综合管廊本体结构状况评估

(3)综合管廊本体结构状况计算

$$CBSI = MBSI \times \omega_{MB} + ABSI \times \omega_{AB} \tag{4.5.3-1}$$

式中，*CBSI*——综合管廊本体结构状况值；

MBSI——综合管廊本体的主体结构的结构状况值；

$ABSI$——综合管廊本体的附属结构的结构状况值；

ω_{MB}——综合管廊本体的主体结构的权重，取0.7；

ω_{AB}——综合管廊本体的附属结构的权重，取0.3。

(4)综合管廊本体的主体结构完好状况计算

$$MBSI = 100 \times \left[1 - \frac{1}{4} \sum_{i=1}^{n} \left(MBSI_i \times \frac{\omega_i}{\sum_{i=1}^{n} \omega_i} \right) \right] \tag{4.5.3-2}$$

式中，$MBSI_i$——综合管廊本体的主体结构分项评估标准值，值域0～4。

ω_i——主体结构各分项权重，详见附表4.5.3-1。

$$MBSI_i = \max(MBSI_{ij}) \tag{4.5.3-3}$$

式中，$MBSI_{ij}$——主体结构各分项基本单元评估标准值，值域0～4 评估标准值详见附表A.1、附表A.3。

附表4.5.3-1 主体结构各分项权重

明挖法		盾构法	
分项	权重 ω_i	分项	权重 ω_i
廊体	0.7	管片	0.6
施工缝和变形缝	0.3	管片接缝和变形缝	0.25
/	/	管片锚固螺栓	0.15

(5)综合管廊本体的附属结构完好状况计算

$$ABSI = 100 \times \left[1 - \frac{1}{4} \sum_{i=1}^{n} \left(ABSI_i \times \frac{\omega_i}{\sum_{i=1}^{n} \omega_i} \right) \right] \tag{4.5.3-4}$$

式中，$ABSI_i$——综合管廊本体的附属结构分项评估标准值，值域0～4。

ω_j——附属结构各分项权重，详见附表4.5.3-2。

$$ABSI_i = \max(ABSI_{ij}) \tag{4.5.3-5}$$

式中，$ABSI_{ij}$——附属结构各分项基本单元评估标准值，值域0～4，评估标准值详见附表A.2。

附表4.5.3-2 附属结构各分项权重

分项	权重 ω_j	分项	权重 ω_j
人员出入口	0.15	井盖、盖板	0.1
吊装口	0.05	支墩、支吊架	0.1
逃生口	0.15	预埋件、锚固螺栓	0.15

续表

分项	权重 ω_j	分项	权重 ω_j
通风口	0.1	排水结构	0.1
管线分支口	0.1		

(6) 综合管廊本体的结构状况分级

①综合管廊本体的结构状况分级，根据本体 *CBSI* 总体得分，分为 A～E 级 5 级，分类界限按表 4.5.3-3 确定。

附表 4.5.3-3　管廊本体结构状况评估分级界限

结构状况值	结构状况评估分级				
	A 级	B 级	C 级	D 级	E 级
CBSI	≥85	70～<85	50～<70	35～<50	<35

②当综合管廊本体出现 4.5.4 条中任一情况时，综合管廊本体结构状况等级直接评估为 E 级。

③当综合管廊本体的主体结构评估为 C 级，附属结构评估为 D 级，且管廊 *CBSI* 总体得分 40≤*CBSI*<55 时，本体总体结构状况等级可评估为 C 级。

④当综合管廊本体的主体结构分项标准值达到 3 或 4，且影响管廊本体结构安全时，本体总体结构状况等级可直接评估为 D 级或 E 级。

4.5.4　综合管廊的廊体有下列情形之一时，管廊完好状况及结构状况等级可直接评为 E 级：

(1) 廊体顶部出现大范围开裂、结构性裂缝深度贯穿衬砌混凝土；

(2) 廊体结构发生明显的永久变形，且有危及结构安全和管线安全的趋势；

(3) 地下水大规模涌流、喷射，地面出现涌泥砂或大面积严重积水等威胁管线安全的现象。

4.5.5　根据定期检查的结果，应及时制定维修养护计划，并对不同状况等级的区间廊体结构分别采取不同的养护措施：

(1) A 级综合管廊应进行常规养护；

(2) B 级综合管廊，应按需进行保养，进行小修；

(3) C 级综合管廊，应对局部实施病害处置，进行中修；

(4) D 级综合管廊，应制定专项维修处置方案，进行大修；

(5) E 级综合管廊，应及时关闭，对结构进行全面综合评估，制定维修或改造方案；

(6) 综合管廊总体状况为 A 和 B 级，但各分项标准值达到 3 或 4，应尽快对相应分项实施病害处治。

附录A　综合管廊本体评估标准

A.1　综合管廊本体主体结构缺陷评估标准

附表 A.1-1　明挖法施工管廊本体主体结构（廊体）缺陷评估标准

病害类型	评估标准				
	0	1	2	3	4
蜂窝、麻面、空洞、孔洞	无	存在一定缺陷，对结构功能和安全几乎无影响	存在明显缺陷，结构功能和安全可能受到损害	存在严重缺陷，结构功能和安全受到损害	存在非常严重的缺陷，结构功能和安全受到严重损害
压溃、剥落剥离	无	压溃范围很小，剥落剥离区域直径小于50mm	压溃范围小于 $1m^2$，剥落体厚度小于3cm，剥落剥离区域直径 50～75mm	压溃范围为 $1～3m^2$，剥离剥落区域直径75～150mm，或有可能掉块	压溃范围大于 $3m^2$ 或衬砌掉块最大厚度大于衬砌厚度的1/4，剥离剥落区域直径大于150mm
材料劣化	无	材料劣化引起少量轻微的起毛、酥松	材料劣化导致混凝土表层多处出现起毛、酥松	材料劣化导致混凝土酥松、起鼓、存在掉块的可能	材料劣化导致混凝土起鼓，并出现掉块
渗漏水	无	表面存在局部湿渍或浸渗，底板无渗水和积水	顶部有滴漏，侧墙有小股涌流，底板有浸渗但无积水	顶部有涌流、侧墙有喷射水流，底部积水，伴有砂土流出	顶部有喷射水流，侧墙或底板存在严重涌水，积水严重，伴有严重的砂土流出
钢筋锈蚀	无	混凝土表层出现轻微锈迹，局部存在锈蚀或因保护层过薄而出现外露	钢筋混凝土沿主筋出现严重的纵向裂缝，保护层起鼓，敲击有空响，主筋出现锈蚀	钢筋混凝土主筋出现严重锈蚀，混凝土表层因钢筋锈蚀出现掉块并出现钢筋外露	钢筋混凝土出现大面积钢筋外露、锈蚀，钢筋锈蚀引起混凝土剥落，钢筋锈层显著，截面减小
裂缝	无	表面存在轻微开裂，以干缩、温度缩裂缝为主或少量轻微的环向裂缝	裂缝以环向裂缝为主，存在少量纵向或斜裂缝	局部存在纵向裂缝或斜裂缝，因裂缝或压溃混凝土存在掉块的可能	裂缝发展密集，出现多处纵向裂缝或斜裂缝，因裂缝或压溃混凝土已出现掉块
变形 水平位移、竖向位移的变形速率 v（mm/年）	无	存在轻微变形，变形稳定，变形速率 $v<3$	出现新变形，变形速率慢，变形或移动速率 $10\geqslant v\geqslant 3$，且有新的变形出现	变形速率较快。且变形明显，变形或移动速率 $v>10$	变形很明显，且变形速率快，影响管线运行，周围土体滑动使衬砌移动、变形、下沉发展迅速

注：进行渗漏水标准值确定时，pH值小于4.0时，则评估标准值评为3或4；pH值范围为4.1～6.0时，则评估标准值在渗漏水状况的基础上适当增加；pH值范围为6.1～7.9时，则评估标准值根据渗漏水状况确定。

附表 A.1-2　盾构法施工管廊本体的主体结构（管片）缺陷评估标准

病害类型	评估标准				
	0	1	2	3	4
蜂窝、麻面空洞、孔洞	无	存在一定缺陷，对结构功能和安全几乎无影响	存在明显缺陷，结构功能和安全可能受到损害	存在严重缺陷，结构功能和安全受到损害	存在非常严重的缺陷，结构功能和安全受到严重损害
破损、压溃、剥落剥离	无	表层轻微的破损、剥离，敲击有空响，尚未出现剥落掉块	表层有大面积剥离，管片存在剥落掉块的可能性	表层多处出现大面积的剥离，并多处剥落，脱落掉块侵入建筑限界	表层多处出现大面积的剥离，脱落掉块最大厚度大于构件厚度的1/4
材料劣化	无	材料劣化引起少量轻微的起毛、酥松	材料劣化导致混凝土表层多处出现起毛、酥松	材料劣化导致混凝土酥松、起鼓、存在掉块的可能	材料劣化导致混凝土起鼓、并出现掉块
渗漏水（pH值规定详见表注）	无	轻微渗漏水，表现为湿渍	出现稀疏渗漏点，渗漏水量较小，表现为湿渍为主，局部存在滴漏	渗漏水类型以滴漏为主，局部存在线漏、涌流，室内出现积水	渗漏点密集、以线漏、涌流为主，伴有漏泥砂，箱内积水严重；
钢筋锈蚀	无	混凝土表层出现轻微锈迹，局部存在锈蚀或因保护层过薄而出现外露	钢筋混凝土沿主筋出现严重的纵向裂缝，保护层起鼓，敲击有空响，主筋出现锈蚀	钢筋混凝土主筋出现严重锈蚀，混凝土表层因钢筋锈蚀出现掉块并出现钢筋外露	钢筋混凝土出现大面积钢筋外露、锈蚀，钢筋锈蚀引起混凝土剥落，钢筋锈层显著，截面减小
裂缝	无	局部存在无规则的表面裂缝，裂缝宽度＜0.2mm	混凝土表层裂缝以环向裂缝为主，存在少量纵向或斜裂缝，裂缝宽度0.2mm≤b＜1.0mm	局部存在纵向裂缝或斜裂缝，裂缝宽度1.0mm≤b＜2.0mm	裂缝发展密集，出现多处纵向裂缝或斜裂缝，裂缝宽度b≥2.0mm
变形收敛（直径变化量c，‰D）	无	存在轻微变形，变形稳定， 通缝：0≤c＜8 错缝：c＜6	出现新变形，变形速率慢， 通缝：8≤c＜12 错缝：6≤c＜9	变形速率较快，且变形明显， 通缝：12≤c＜16 错缝：9≤c＜12	变形很明显，且变形速率快，影响管线运行 通缝：16≤c 错缝：12≤c

注：进行渗漏水标准值确定时，pH值小于4.0时，则评估标准值评为3或4；pH值范围为4.1～6.0时，则评估标准值在渗漏水状况的基础上适当增加；pH值范围为6.1～7.9时，则评估标准值根据渗漏水状况确定。

附表 A.1-3　盾构法施工管廊本体的主体结构（管片锚固螺栓）缺陷评估标准

病害类型	评估标准				
	0	1	2	3	4
损坏、松动、丢失	无	锚固螺栓存在少量螺母松动，尚未造成连接部位锚固失效	锚固螺栓存在少量损坏、松动、丢失，造成连接部位锚固失效	锚固螺栓存在较多损坏、松动、丢失，造成连接部位锚固失效，管片接缝处出现错台、变形	锚固螺栓大量损坏、松动、丢失，管片出现严重错位、变形

附表 A.1-4　盾构法施工管廊本体的主体结构（管片接缝和变形缝）缺陷评估标准

评价指标	评估标准				
	1	2	3	4	5
错台f(mm)	0≤f＜4	4≤f＜8	8≤f＜10	10≤f＜12	f＞12
渗漏水	无	湿渍	滴漏	线漏	涌流或伴有漏泥砂

注：进行渗漏水状况等级确定时，pH值小于4.0时，则等级评为3或4；pH值范围为4.1～6.0时，则渗漏水状况的等级在原基础上适当提高以及；pH值范围为6.1～7.9时，则渗漏时状况等级保持不变。

附表 A.1-5　综合管廊本体主体结构(施工缝和变形缝)缺陷评估标准

病害类型	评估标准				
	0	1	2	3	4
压溃、错台	无	个别接缝位置存在轻微的压溃、错台，错台量≤20mm	错台、压溃分布系数，错台量 20mm＜c≤30mm	多处接缝存在压溃、错台，接缝处出现混凝土掉块，错台明显，错台量 30mm＜c≤40mm	接缝处出现混凝土压溃，错台严重，错台量 c＞40mm
渗漏水(pH 值规定详见表注)	无	湿渍	浸渍、滴漏	线漏	涌流或伴有漏泥砂

注：进行渗漏水标准值确定时，pH 值小于 4.0 时，则评估标准值评为 3 或 4；pH 值范围为 4.1～6.0 时，则评估标准值在渗漏水状况的基础上适当增加；pH 值范围为 6.1～7.9 时，则评估标准值根据渗漏水状况确定。

A.2　综合管廊本体附属结构缺陷评估标准

附表 A.2-1　管廊本体的附属结构缺陷评估标准

分项	病害及评估标准				
	0	1	2	3	4
人员出入口	无	启闭功能轻微受损，出入功能完好	启闭功能轻微受损，出入受阻，但能处理	启闭功能受损较重，需要工具才能进出	启闭功能丧失，无法出入管廊
吊装口	无	封闭完好，存在湿渍，渗浸	封闭出现裂缝，出现滴漏	封闭裂缝较多，渗漏水现象较为严重，出现线漏	封闭出现网状裂缝，涌泥砂现象严重
逃生口	无	通道畅通，爬梯能正常使用，爬梯和扶手轻微锈蚀	通道顺畅，爬梯功能部分受阻，扶手轻微破损	通道杂物堆积，爬梯和扶手锈蚀较严重	通道完全堵塞，爬梯扶手锈蚀严重，难以通行
通风口	无	通风口无堵塞，风道无变形，存在脏污，轻微破损	通风口有杂物堵塞，可搬离，风道轻微变形，轻微破损	通风口大部分被堵塞，风道变形，破损	通风口完全堵塞，风道变形破损严重
管线分支口	无	局部脱落，轻微渗漏，湿渍，渗浸为主	局部脱落，轻微渗漏，湿渍，渗浸为主，局部滴漏	孔位填塞物多处存在脱落，局部位置存在线漏	孔位填塞物多处存在脱落，局部位置存在线漏
井盖、盖板	无	未被占压，轻微变形，不影响使用	变形且有破损，影响使用	变形严重，严重影响使用	破损严重或丢失
支墩、支吊架	无	轻微变形，未见松动，不影响使用	轻微变形，出现松动，还能支撑	变形严重，松动，有脱落迹象，勉强使用	变形严重，松动脱落，或支架缺失，无法使用
预埋件、锚固锚栓	无	存在轻微变形；锚固螺母轻微松动，不影响锚固	预埋件锈蚀，尚未影响管线；锚固螺母松动，混凝土开裂	预埋件锈蚀严重，承载能力不足；锚固螺母松动，锚固能力下降，周围混凝土破损	预埋件、悬吊件严重锈蚀，严重变形或脱落，承载力丧失；锚固螺母松动，丧失锚固能力，混凝土破损
排水结构	无	结构轻微破损，排水功能正常	轻微淤积，结构存在破损	严重淤积，结构破损严重，溢水到管廊内	完全堵塞，结构严重破损，管廊内积水严重

A.3　综合管廊材料特性及结构状态评估标准

附表 A.3-1　混凝土强度的技术状况评估标准

项目	评估标准				
	0	1	2	3	4
强度不足（q_i：实际强度；q：设计强度；l：缺陷长度，m）	结构混凝土强度 $0.85\leqslant q_i/q<1.00$	结构混凝土强度 $0.75\leqslant q_i/q<0.85$，且长度 $l<5$	结构混凝土强度 $0.65\leqslant q_i/q<0.75$ 且长度 $l<5$ 结构混凝土强度 $0.75\leqslant q_i/q<0.85$ 且长度 $l\geqslant5$	结构混凝土强度 $q_i/q<0.65$ 且长度 $l<5$ 结构混凝土强度 $0.65\leqslant q_i/q<0.75$ 且长度 $l\geqslant5$	衬砌混凝土强度 $q_i/q<0.65$ 且长度 $l\geqslant5$

附表 A.3-2　混凝土碳化的状况评估标准

项目	评估标准				
	0	1	2	3	4
测区混凝土碳化深度平均值与实测保护层厚度平均值比值	<0.5	[0.5，1.0)	[1.0，1.5)	[1.5，2.0)	≥2.0

附表 A.3-3　钢筋保护层厚度的技术状况评估标准

项目	评估标准				
	0	1	2	3	4
钢筋保护层厚度特征值与设计值的比值	>0.95	(0.85，0.95]	(0.70，0.85]	(0.55，0.70]	≤0.55

附表 A.3-4　钢筋锈蚀的技术状况评估标准

项目	评估标准				
	0	1	2	3	4
钢筋锈蚀	无锈蚀或锈蚀活动性不稳定	有锈蚀活动性，但锈蚀状态不确定，可能锈蚀	有锈蚀活动性，发生锈蚀概率大于 90%	有锈蚀活动性，严重锈蚀可能性极大	构件存在锈蚀开裂区域
电位水平(mV)	≥-200	(-200，-300]	(-300，-400]	(-400，-500]	<-500

附表 A.3-5　结构厚度的技术状况评估标准

项目	评估标准				
	0	1	2	3	4
厚度不足(h_i: 有效厚度；h：设计厚度；l：缺陷长度 m)	结构厚度 $0.90\leqslant h_i/h<1.00$	结构厚度 $0.75\leqslant h_i/h<0.90$ 且长度 $l<5$ 结构有剥蚀	结构厚度 $0.60\leqslant h_i/h<0.75$ 且长度 $l<5$ 结构厚度 $0.75\leqslant h_i/h<0.90$ 且长度 $l\geqslant5$	结构厚度 $h_i/h<0.60$ 且长度 $l<5$ 结构厚度 $0.60\leqslant h_i/h<0.75$ 且长度 $l\geqslant5$	结构厚度 $h_i/h<0.60$，且长度 $l\geqslant5$

附表 A.3-6 脱空、不密实的技术状况评估标准

项目	评估标准				
	0	1	2	3	4
结构背后空洞连续长度	—	≤1	(1，3]	(3，5]	>5
回填不密实连续长度	—	≤3	(3，9]	(9，15]	>15
基底不密实连续长度	—	≤3	(3，9]	(9，15]	>15